KB084134

엄마와 아이가
함께 입는
커플 옷 만들기

DOUDOU의 쉽고 예쁜 아이 옷 & 여성복

엄마와 아이가
함께 입는
커플 옷 만들기

오카와 사유리 지음 | **남궁가윤** 옮김

제우미디어

시작하며

DOUDOU의 브랜드 콘셉트는 '엄마와 아이의 행복한 추억 만들기'입니다.
처음으로 딸과 함께 세트로 옷을 입었을 때 딸아이가 보여준
행복한 웃음이 지금도 생생하게 떠오릅니다. 더 많은 엄마와 아이들이
세트로 옷을 입는 즐거움을 누렸으면 하는 마음에서 브랜드를 시작하게 되었답니다.
아이들은 눈 깜짝할 새에 자랍니다. 아이의 성장이 기쁘기도 한 반면,
'함께 옷을 맞춰 입는 즐거움을 누릴 날도 얼마 안 남았구나.' 싶어 조금 쓸쓸한 기분도 들지요.
하지만 그렇게 귀중한 한때이기에 엄마와 특별한 유대를 느끼게 해 주는
옷에 얽힌 추억이 더더욱 아이의 마음 속 깊이 남을 테지요.
엄마와 아이가 세트로 만든 옷을 입고 보낸 행복한 시간의 기억이
앞으로 어른이 될 아이들에게 사랑이 넘치는 든든한 마음의 지지대가 되기를 기원합니다.

DOUDOU 오카와 사유리

CONTENTS

엄마 옷 size S~3L

이 책의 작품 만드는 법

a

× ⋄ ×

여자아이의 목둘레 프릴 원피스

목둘레 프릴은 천을 직사각형으로 잘라서 주름을 잡아 만듭니다.
치마 부분까지 단추로 열고 잠그는 타입의 원피스입니다.

HOW TO MAKE. P 96

A

엄마의 소매 프릴 블라우스

품이 낙낙한 블라우스는 어린아이가 있는 엄마도 편히 입을 수 있는 옷이지요.
소매 프릴의 색은 몸판의 프린트무늬 중에서 한 가지 색을 고르면
전체 느낌이 통일되어 보입니다.

HOW TO MAKE. P 152

SIZE 80

b

×
◆
×

둥근 깃 원피스

가슴 아래에 절개선을 넣고 소매를 단 원피스는 외출복으로 좋아요.
옷깃은 겉감과 안감 사이에 끼워서 박으면 깔끔합니다. 자매에게 세트로 만들어 입혀도 예뻐요.

HOW TO MAKE. P 123

SIZE 100

c. C

×◆×

세트로 만든 스탠드칼라 원피스

스탠드칼라와 낙낙한 소매를 단 원피스는
아이도 엄마도 입고 싶은 디자인이랍니다.
허리 고무줄은 안감에 고무줄 통로를 달아서 끼워 줍니다.

HOW TO MAKE. 여자아이 P 106
HOW TO MAKE. 엄마 P 174

d

✕ ✦ ✕

비타민 컬러 원피스

빨강×주황 잔꽃무늬가 발랄한 분위기를 내는 여자아이 원피스입니다.
여름에는 원피스만 입고, 봄에는 원피스 위에 카디건을 걸치면 외출 준비 끝!

HOW TO MAKE. P 96

D

× ◆ ×

셔츠원피스

셔츠 타입 원피스는 단정한 느낌이 중요합니다.
옷깃을 만들 때 모서리를 확실하게 꺼내 주고,
허리의 주름이 좌우 대칭이 되도록 꼼꼼하게 잡아 주세요.

HOW TO MAKE. P 180

e. E

× · ×
· ◆ ·
× · ×

체크무늬 주름 원피스

아이 옷은 라운드넥으로, 엄마 옷은 브이넥으로 만들어서 살짝 변화를 주고
목둘레에는 똑같은 브레이드를 달아서 통일감을 주었어요. 세트로 옷을 만들 때는
이런 식으로 어떤 부분에는 변화를, 다른 부분에는 통일감을 주는 것도 재미있어요.

HOW TO MAKE. 여자아이 **P 128**
HOW TO MAKE. 엄마 **P 156**

f. F

× · ×

세트로 만든 서머 원피스

시원한 느낌의 연파랑 나뭇잎 무늬 몸판에 새하얀 트윌 원단으로 만든 옷깃을 달았어요.
붉은 계통 프린트 원단×검은 옷깃으로 만들면 가을 외출복으로도 잘 어울린답니다.

HOW TO MAKE. 여자아이 **P 132**
HOW TO MAKE. 엄마 **P 158**

G

×
× ×

엄마의 카슈쾨르 원피스

카슈쾨르 타입의 원피스에 지퍼를 뒤판에 달았어요.
원단 판매점에서 볼 때는 너무 화려하다 싶은 원단이라도
옷을 만들고 나면 의외로 차분한 분위기가 되니 과감하게 골라 보세요.

HOW TO MAKE. *P 160*

g

×•×

여자아이의 어깨 단추 원피스

어깨에 단추를 달아 만든 원피스는
머리에서부터 폭 뒤집어쓰면 되니까 입고 벗기도 간단해요.
단추와 리본의 색깔을 통일하여 세련된 분위기로 마무리했어요.

HOW TO MAKE. P 85

H

엄마의 어깨 프릴 원피스

민소매 옷 위에는 카디건을 꼭 걸치는 엄마라도 어깨 프릴이 달린 원피스라면
편하게 입을 수 있어요. 허리에 단 큼직한 리본이 더 늘씬하게 보이는 효과를 낸답니다.

HOW TO MAKE. P 164

h

×
◆
×

반바지

남자아이 엄마도 아이와 세트로 옷을 입고 싶을 때가 있지요.
반바지를 만들고 남은 천으로는 리본을 만들어 기성품 티셔츠에 달아서 나비넥타이처럼 꾸며 봤어요.

HOW TO MAKE. P 136

I.i

× ◆ ×

물방울무늬 원피스

기본 바느질법만 알면 만들 수 있는 라운드넥 원피스예요.
옷 만들기 초보자는 이 옷부터 시작해 보세요.

HOW TO MAKE. 엄마 P 64
HOW TO MAKE. 여자아이 P 64

J

엄마의 3단 치마 원피스

3단으로 된 주름치마가 여성스러운 느낌을 주는 원피스입니다.
몸판 사이즈도 넉넉하고, 허리에 고무줄을 넣어서 편하게 입을 수 있어요.

HOW TO MAKE. P 176

j

여자아이의 2단 치마 원피스

아이 옷은 가슴 밑에 절개선을 넣은 2단 치마로 변형했어요.
길이를 조금 넉넉하게 하여 어른스러운 느낌이 나는 원피스랍니다.

HOW TO MAKE. P 89

k

× ◆ ×

튈 치맛단을 단 5부 소매 원피스

민소매 옷을 입기에는 조금 추운 계절이 오면,
이번에는 소매를 단 원피스에 도전해 보세요. 튈 원단은 자른 자리에 특별한 처리를 하지 않고도
그대로 사용할 수 있어서 부분적으로 변화를 주고 싶을 때 편리한 소재입니다.

HOW TO MAKE. P 112

K

튈 치맛단을 단 치마

기본 주름치마에 튈 원단을 치맛단에 달아서 포인트를 주었어요.
튈은 폴리에스테르 소재의 소프트 타입을 사용했습니다.

HOW TO MAKE. P 143

l

×·×

여자아이의 어깨 프릴 원피스

L

×·×

엄마의 점프 슈트

SIZE 80

SIZE 120

앞단추로 열고 잠그는 여자아이 원피스에는 눈에 잘 띄는 색깔의
꽃모양 단추를 디자인 포인트로 달아 주었어요.
엄마의 점프 슈트는 미리 입어 보고 길이가 복사뼈까지 오도록 밑단을 처리해 주세요.

HOW TO MAKE. 여자아이 **P 100**
HOW TO MAKE. 엄마 **P 186**

M

× ∘ ×

엄마의 브이넥 원피스

엄마 옷과 아이 옷의 원단을 같은 무늬에
색깔만 다르게 골라서 세트 느낌이 나도록 했어요.
허리 절개선에 그로그랭 테이프를 달면 전체적으로
정돈된 분위기가 된답니다.

HOW TO MAKE. P 168

m

×
× ◆ ×

여자아이의 퍼프소매 원피스

소맷부리는 몸판과 같은 천으로 만든 바이어스감으로 싸서 깔끔하게 마무리했어요.
목둘레 주위의 안감이 보여도 괜찮도록 몸판 안감은 겉감과 같은 원단을 사용했습니다.

HOW TO MAKE. P 134

N

×
◇
×

접주름단 치마

뒤트임을 넣은 사다리꼴 치마에 접어 만든 치맛단을 장식했어요.
허릿단 앞쪽은 일반 허릿단이고 뒤쪽에는 고무줄을 넣어서 입고 벗기도 편해요.

HOW TO MAKE. P 147

n

× ◆ ×

접주름깃 코듀로이 원피스

코듀로이 원단은 얇고 골이 가늘며 잘 늘어나지 않는 타입이 바느질하기 쉬워서 좋습니다.
옷깃의 프린트무늬와 원피스의 코듀로이 원단 색깔을 잘 맞춰서 고르세요.

HOW TO MAKE. P 116

O. o

× • ×

엄마의 주름치마 · 여자아이의 고무줄 허리 원피스

아이 원피스는 고무줄 허리에 품도 넉넉해서 편하게 입을 수 있어요.
큼직한 꽃무늬 치마도 심플한 상의와 조합하면 어른스러운 스타일이 된답니다.

HOW TO MAKE. 여자아이 P 120
HOW TO MAKE. 엄마 P 143

p. P

× · ×

세트로 만든 스퀘어넥 원피스

아이 원피스의 허리 절개선에는 남색 원단으로 만든 리본 모티프를,
엄마 원피스의 허리 절개선에는 남색 그로그랭 리본을 사용했습니다.

HOW TO MAKE. 여자아이 **P 93**
HOW TO MAKE. 엄마 **P 172**

SIZE 80

SIZE 120

이 책의 작품 만드는 법

이 책에서 사용하는 도구

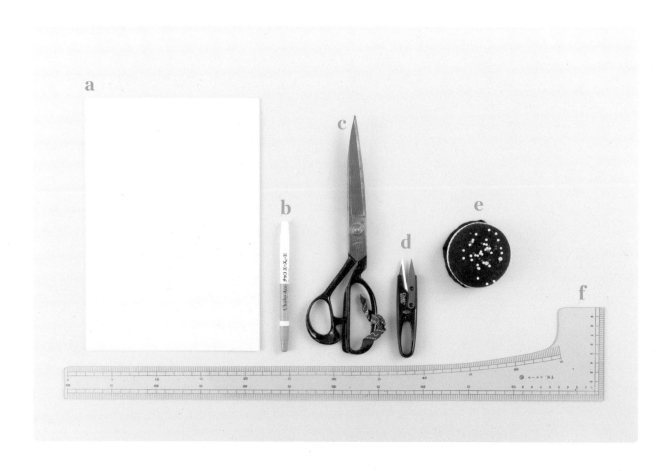

a 패턴지
얇은 종이입니다. 옷본을 여기에 옮겨 그리고 잘라서 사용합니다.

b 원단용 수성펜
완성선의 모서리 등 포인트가 되는 부분은 미리 천에 표시해 두면 작업을 할 때 기준이 됩니다.

c 재단가위
천을 자를 때 사용합니다.

d 쪽가위
실을 자를 때 사용합니다.

e 시침핀&바늘꽂이
천 등을 임시로 고정할 때 사용합니다. 바늘꽂이가 있으면 한 손으로도 쉽게 핀을 빼서 사용할 수 있어 편리합니다.

f 자
패턴지에 옷본을 옮겨 그릴 때는 자를 사용합니다. 옷본을 정확하게 옮겨 그려야 옷을 깔끔하게 만들 수 있습니다. 일반 직선 자를 사용해도 됩니다.

재봉틀

재봉틀은 자동 장력 조절, 자동 단춧구멍 만들기, 자동 실 자르기 기능이 있는 제품을 추천합니다. 이 책에서는 'JUKI HZL-EX7' 제품을 사용했습니다. 재봉틀을 처음 구입하는 사람은 작업 공간이 넓고 리버티프린트의 타나 론 등 얇은 천도 깔끔하게 박을 수 있는 기종을 선택하세요.

재봉틀 바늘과 재봉틀용 실

재봉틀용 실은 되도록 원단에 가까운 색으로 고릅니다. 얇은 천에는 90번사×9호 재봉틀 바늘, 중간 두께 천에는 60번사×11호 재봉틀 바늘을 추천합니다. 단, 초보자라면 어떤 천에든 60번사×11호 재봉틀 바늘을 사용해도 괜찮습니다. 실은 폴리에스테르 소재가 박음질하기도 쉽고 튼튼하게 마무리됩니다.

단춧구멍 노루발

재봉틀에 따라 모양이 다릅니다.

손바늘&재봉실(단추 달기용)

단추를 달 때나 작업 마무리 단계에서 시접을 꿰매어 고정할 때 사용합니다.

실뜯개

재봉틀로 단춧구멍 모양을 박은 뒤에 구멍을 뚫을 때나 잘못 박은 바늘땀을 풀 때 사용합니다.

줄자

옷본을 만들기 전에 신체 사이즈를 재 두세요.

고무줄 끼우개

이 책에서는 고무줄 허리 원피스와 반바지를 만들 때 사용합니다. 큰 안전핀을 대신 사용할 수도 있습니다.

이 책에서 사용한 재료

겉감   옷의 겉쪽에 보이는 원단입니다.

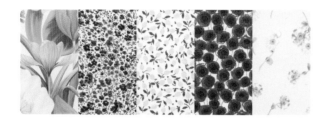

리버티프린트(타나 론)

고급스러운 프린트 무늬와 촉감 좋은 질감이 옷 만들기에
안성맞춤입니다. 시즌 한정 무늬도 있고, 해에 따라 무늬
의 색 조합이 달라지기도 합니다.

면(중간 두께)

면 원단은 다루기도 쉽고 종류도
많습니다. 이 책의 작품에는 조금
얇고 힘이 있으며 살짝 광택이 있
는 원단을 사용했습니다.

면(트윌 원단)

부드럽고 튼튼한 능직 원단입니
다. 비스듬히 선이 들어간 것처
럼 보입니다. 이 책에서는 작품
f, F의 옷깃에 사용했습니다.

튈(폴리에스테르 소재)

그물코 모양의 얇고 비치는 원
단입니다. 작품 k, K의 치맛단에
사용했습니다. 촉감이 부드러운
소프트 타입을 고르세요.

코듀로이

코르덴이라는 이름으로도 알려
진 원단입니다. 짧게 난 털에 결
이 있어서 위아래 방향에 주의
하여 재단해야 합니다. 위에서
아래로 쓰다듬으면 매끄럽지만
아래에서 위로 쓰다듬으면 조금
걸리는 느낌이 납니다. 이 책에
서는 골이 가늘고 늘어나지 않
는 타입을 사용했습니다.

안감   옷의 안쪽이 되는 원단입니다.

론

감촉이 좋고 겉으로 티가 잘 나지 않는 얇은 원단입니다.
겉감에 가까운 색을 사용합니다. 원단 판매점에서는 다양
한 안감용 원단을 판매합니다. 안감은 직접 피부에 닿으
니, 마음에 드는 질감의 원단을 고르세요.

부재료

단추

이 책의 거의 모든 여자아이 원피스에 사용했습니다. 입다가 단추가 떨어져도 새로 달 수 있도록 개수를 조금 넉넉하게 준비하여 보관해 두면 편리합니다.

콘실지퍼

지퍼를 단 부분이 솔기처럼 마감되어 지퍼 이빨이 보이지 않는 지퍼입니다. 이 책에서는 엄마 옷에 사용했습니다. 재봉틀로 콘실 지퍼를 달 때는 전용 노루발이 있어야 합니다.

접착심지

이 책에서는 섬유 타입의 얇은 원단용 접착심지를 사용했습니다. 단추 다는 자리나 지퍼 다는 자리 등 보강하고 싶은 부분에 박음질을 하기 전에 접착심지를 다려서 붙여 둡니다.

리본

허리 부분이나 장식에 사용합니다. 이 책에서는 그로그랭 리본과 벨벳 리본을 사용했습니다.

브레이드

테두리 장식 등에 사용하는 테이프 모양의 부자재입니다. 이 책에서는 작품 e, E의 목둘레에 2cm 너비 브레이드를 장식했습니다. 부자재 판매점에서 다양한 소재와 너비로 된 브레이드를 판매하니 원단과 취향에 맞춰서 골라 보세요.

이 책의 옷 분류

'기본 원피스'는 아이 옷과 엄마 옷 모두 중간까지 만드는 법이 같습니다.
아이 옷에는 단추를, 엄마 옷에는 콘실 지퍼를 달아 줍니다. '기본 원피스의 변형'은 옷본이나
치마의 단 수만 다르고 기본 순서는 같습니다. '프릴을 사용한 원피스'는 기본 순서에 직선으로 재단하여 만드는
프릴을 끼워서 만듭니다. 고무줄 허리 원피스와 바지는 만드는 법 페이지의 사진 해설을 참조하세요.

간단

여자아이 옷

작품 **i**
기본 원피스

기본 원피스의 변형 ··· HOW TO MAKE. P 84

기본 원피스와 순서는 거의 같습니다. 작은 변화로 다양한 형태의 옷을 즐길 수 있습니다.

작품 **g**
어깨 단추로 변형

작품 **j**
치마를 변형

작품 **p**
목둘레 모양을 변형

프릴을 사용한 원피스 ··· HOW TO MAKE. P 95

기본 원피스를 만드는 순서 도중에 프릴을 끼워서 박습니다.

작품 **a**
목둘레 프릴

작품 **d**
목둘레 프릴

작품 **l**
어깨 프릴

허리에 고무줄을 넣은 원피스 ···▶ HOW TO MAKE. P 103

안감에 고무줄 통로를 달아서 만듭니다.

작품 c   작품 k   작품 n   작품 o

옷깃·소매를 단 원피스 ···▶ HOW TO MAKE. 122

별도로 만든 옷깃이나 소매를 기본 원피스의 목둘레나 진동둘레를 박을 때에 끼워서 박습니다.
세밀한 부분은 꼼꼼하게 박아 주세요.

작품 b   작품 e   작품 f   작품 m

바지 ···▶ HOW TO MAKE. P 136

만드는 법 페이지의 사진 해설을 보며 만듭니다.

작품 h

연습하고 나서
만드세요

다음 페이지로 이어짐→

엄마 옷

작품 I
기본 원피스

작품 i
여자아이 원피스

작품 I
엄마 원피스

→ 곧바로 만들어 봅시다 P 60

치마 · HOW TO MAKE. P 143-151

먼저 치마부터 만들어 봅시다. 작품 K, O는 원피스의 치마 부분과 거의 같은 순서로 만듭니다.
작품 N은 뒤판에 트임을 넣습니다. 순서가 복잡해지니 차근차근 만들어 보세요.

작품 K

작품 N

작품 O

기본 원피스의 변형 · HOW TO MAKE. P 152-173

옷본을 추가하거나 약간 변형만 하여 기본 원피스와 거의 같은 순서로 만들 수 있는 원피스입니다

작품 A
블라우스로 변형

작품 E
목둘레와 치마를 변형

작품 F
옷깃과 치마를 변형

작품 G
몸판을 변형

작품 H
어깨 프릴을 변형

작품 M
몸판을 변형

작품 P
목둘레를 변형

허리에 고무줄을 넣은 원피스 ⟩ · HOW TO MAKE. P 174~179

안감에 고무줄 통로를 달아서 만듭니다.

작품

작품 **J**

새로운 방법에 도전 ⟩ · HOW TO MAKE. P 180~191

작품 **D**
옷깃과 바대에 도전

작품 **L**
바지에 도전

연습하고 나서
만드세요

기본 원피스 만드는 법

Ⅰ. 옷본 만들기

실물 크기 옷본을 패턴지에 옮겨 그려서 자릅니다. 옷본은 모두 3장입니다.
맞춤점, 다트·턱, 단추 다는 자리, 올 방향 표시도 잊지 말고 옮겨 그립니다.

물방울무늬 원피스

A·B·C면: 여자아이 옷(size 80~130)

D·E·F면: 엄마 옷(size S~3L)

i에 사용하는 옷본은 A면
[i.물방울무늬 원피스 ①② 몸판]

① 앞 몸판   ② 뒤 몸판

I에 사용하는 옷본은 D면
[I. 물방울무늬 원피스 ①② 몸판]

① 앞 몸판   ② 뒤 몸판

※ 치마는 직선으로만 된 부분이라 옷본이 없습니다. 직접 원단에 그려서 자릅니다.

[I. 물방울무늬 원피스 ③ 치마 앞판 ④ 치마 뒤판]

※ 겉감과 안감은 치맛단 길이와 지퍼 끝점의 위치가 다릅니다. 옮겨 그릴 때에 어느 것이든 빠뜨리지 않도록 주의하세요.

POINT

이 책의 옷본에는 모두 시접이 포함되어 있고, 사이즈마다 다른 색으로 구분해 놓았습니다. 바깥쪽 실선은 시접선, 안쪽 점선은 완성선입니다. 패턴지에 바깥쪽 실선과 옷본 기호, 완성선의 포인트(모서리, 맞춤점과 교차하는 점)를 옮겨 그립니다.

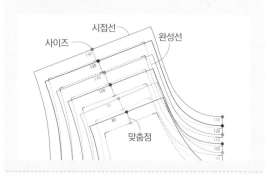

사이즈   시접선   완성선

맞춤점

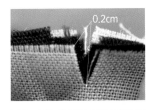

맞춤점 앞·뒤판을 맞대는 부분이나 주름 끝점, 지퍼 끝점 등에 표시합니다. 원단을 재단한 뒤에 ▲부분의 시접에 0.2cm 정도 가위집을 넣어 둡니다.

주름 재봉틀 땀을 큰 땀으로 바꿔서 박은 뒤에 주름을 잡는 기호입니다. 양 끝에 맞춤점(주름 끝점)이 있을 때는 주름 끝점~주름 끝점 사이에 주름을 잡습니다. 일반 바늘땀은 2.4mm 정도, 주름을 잡기 위해 박을 때는 5mm 정도로 설정하여 되돌려 박기를 하지 않고 박습니다.

완성선 안쪽의 가는 점선이 완성선입니다. 모서리나 맞춤점과 교차하는 포인트는 원단용 수성펜으로 원단에 옮겨 그려 둡니다. 원단에 완성선 전체가 있어야 재봉틀로 박기가 쉽다고 느낀다면 원단용 먹지 등을 이용하여 원단 뒷면에 옮겨 그립니다.

골선 좌우 대칭인 부분의 중심선. 원단을 반으로 접어서 그 접음선 부분에 '골선'을 맞추고 재단합니다.

다트 세모나게 접어서 박는 기호. 원단용 수성펜으로 원단 뒷면에 선을 그려 둡니다. 이 책에서는 엄마 옷에 다트 기호가 있습니다.

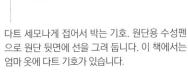

턱 원단을 접어서 주름을 만드는 기호. 사선의 높은 쪽에서 낮은 쪽으로 접습니다.

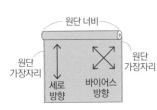

원단 너비

원단 가장자리 ｜ 원단 가장자리

세로 방향 ｜ 바이어스 방향

올 방향 표시 원단 방향을 표시하는 선입니다. 옷본에 올 방향 표시를 반드시 옮겨 그리고, 원단에 옷본을 배치할 때 확인하세요.

옷본 사이즈

① 신체 사이즈 재기

속옷을 입은 상태에서 신체 사이즈를 잽니다.

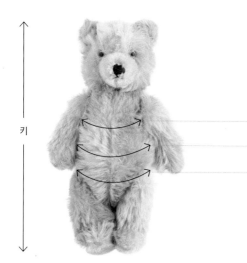

키

가슴둘레: 가슴의 가장 높은 위치를 바닥과 평행으로 잽니다

허리둘레: 줄자를 바닥과 평행으로 하여 잽니다

엉덩이둘레: 엉덩이의 가장 높은 위치를 바닥과 평행으로 잽니다

◆ **아이 옷 사이즈를 조금 조정하고 싶을 때**

옆선을 박을 때 완성선 조금 안쪽을 박으면 간단하게 조정할 수 있습니다.
0.5cm 안쪽을 박았을 때는 앞뒤판·좌우(0.5cm×4)에서 가슴둘레가 2cm 줄어듭니다.
길이는 아이 키에 맞게 시접 길이를 조정하세요.

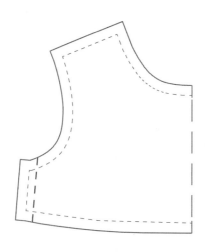

② 신체 사이즈에 가까운 옷본 고르기

이 책의 옷본은 아래 신체 사이즈를 기준으로 했습니다.

옷의 완성 사이즈에는 움직임에 필요한 여유분이 포함되어 있기 때문에 신체 사이즈보다 조금 커집니다.

여자아이 [신체 사이즈]

옷본	80	90	100	110	120	130
키	75-85	85-95	95-105	105-115	115-125	125-135
가슴둘레	48	50	52	56	60	65
허리둘레	45	47	49	51	54	58
엉덩이둘레	46	50	55	59	63	68

엄마 [신체 사이즈]

옷본	S	M	L	LL	3L
키	155	158	161	164	167
가슴둘레	80	83	86	89	92
허리둘레	60	63	66	69	72
엉덩이둘레	88	91	94	97	100

여자아이 [완성 사이즈] (움직임에 필요한 여유분이 포함된 사이즈)

size	80	90	100	110	120	130
가슴둘레	60	62	66.5	70.5	74.5	78.5
등 너비	22	25	27	29	31	33
등 길이	14	15	17	18	19	20
치마 길이	28	31	34	37	40	43

※ 단위는 cm

엄마 [완성 사이즈] (움직임에 필요한 여유분이 포함된 사이즈)

size	S	M	L	LL	3L
가슴둘레	87.5	90.5	93.5	96.5	100
허리둘레	73	77	81	85	90
등 너비	34	35.5	37	38.5	40.5
등 길이	35.5	36	36.5	37	37.5
치마 길이	55	56	57	58	59

※ 단위는 cm

i

I

여자아이

[사용하는 옷본]

A면 [i. 물방울무늬 원피스 ①②몸판]

❖ 치마는 직선 부분이므로 직접 원단에 그려서 재단합니다.

[재료]

(size 80 l 90 l 100 l 110 l 120 l 130)

- **겉감** 물방울무늬 면(중간 두께) 110cm 너비×120 l 130 l 140 l 150 l 160 l 170cm
- **안감** 검정 론 110cm 너비×70 l 70 l 80 l 90 l 90 l 100cm
- **접착심지** 2.5cm×30cm 2장
- **지름 1.5cm 둥근 단추**(갈색) 3개
- **2cm 너비 그로그랭 리본**(베이지) 90cm

엄마

[사용하는 옷본]

D면 [I. 물방울무늬 원피스 ①②몸판] [I. 물방울무늬 원피스 ③ 치마 앞판 ④ 치마 뒤판

[재료]

(size S l M l L l LL l 3L)

- **겉감** 물방울무늬 면(중간 두께) 110cm 너비×230 l 230 l 235 l 240 l 270cm
- **안감** 검정 론 110cm 너비×130 l 130 l 130 l 130 l 135cm
- **접착심지** 3cm×35cm 2장
- **콘실 지퍼**(갈색) 길이 60cm 1개
- **2cm 너비 그로그랭 리본**(베이지) 100cm

원단 재단하는 법

재단 배치도 대로 원단에 옷본을 놓고 모든 부분이 들어갔는지 확인합니다. 배치가 정해지면 시침핀으로 옷본을 고정하고, 옷본을 따라 재단가위로 원단을 자릅니다. 재단가위의 아래쪽 날이 언제나 탁자에 닿아 있도록 하고 원단을 들어 올리지 않도록 주의합니다. 또 가윗날을 탁 하고 끝까지 닫아 버리면 자른 부분에 조금씩 차이가 생기므로, 날 중간 부분까지만 자릅니다.

i 재단 배치도

★ 시접은 정해진 것 이외에는 1cm.
★ 굵은 숫자는 정해진 시접 길이(cm).
★ 원단 필요량은 size 80 | 90 | 100 | 110 | 120 | 130 순.

겉감(몸판, 치마)(몸판 안감)　　　　**안감(치마 안감)**

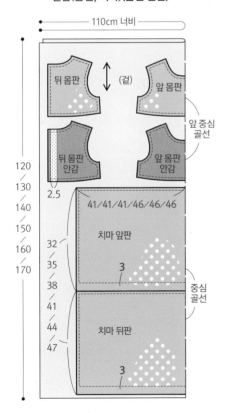

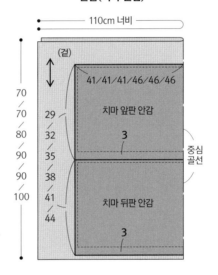

★ ⣀ 는 (안)에 접착심지를 붙인다

다음 페이지로 이어짐→

겉감(몸판, 치마)(몸판 안감)

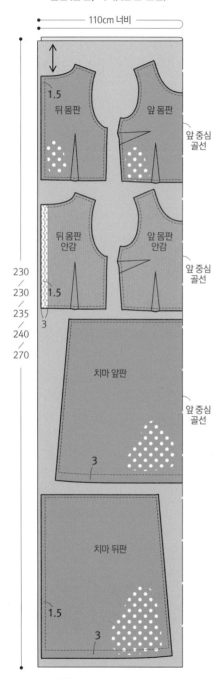

110cm 너비

뒤 몸판

앞 몸판

1.5

앞 중심
골선

뒤 몸판
안감

앞 몸판
안감

1.5

3

앞 중심
골선

230
/
230
/
235
/
240
/
270

치마 앞판

3

앞 중심
골선

치마 뒤판

1.5

3

★ ▨ 는 (안)에 접착심지를 붙인다

I 재단 배치도

★ 시접은 정해진 것 이외에는 1cm.

★ 굵은 숫자는 정해진 시접 길이(cm).

★ 원단 필요량은 size S/M/L/LL/3L 순.

★ size 3L은 앞 몸판과 뒤 몸판을 어긋나게 배치하여 재단한다.

안감(치마 안감)

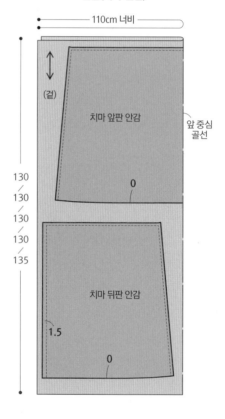

110cm 너비

(겉)

치마 앞판 안감

0

앞 중심
골선

130
/
130
/
130
/
130
/
135

치마 뒤판 안감

1.5

0

전 작품에 공통으로 네 가지 사항을 기억해 두면 작업이 순조로워집니다.

1. 박을 때는 시접을 오른쪽으로

시침핀은 시접 쪽에 바늘 끝이 오도록 꽂습니다. 재봉틀로 박을 때는 시접을 오른쪽에 두고 천이 바깥쪽에서 미끄러져 들어가듯이 집어넣습니다. 초보자는 시침핀에 신경 쓰지 말고 그냥 꽂힌 채 박아도 괜찮습니다.

2. 재봉틀 침판의 눈금을 보며 박는다

이 책의 작품은 '단추·지퍼를 다는 부분'과 '치맛단' 이외에는 기본적으로 시접이 1cm입니다. 재봉틀 침판의 눈금 '1cm'를 의식하며 박으면 곡선 부분도 깔끔하게 바느질할 수 있습니다.

3. '박는다' 표시에서는 반드시 되돌려박기를 한다

되돌려박기

만드는 법 그림에 '박는다'는 표시가 있는 부분은 반드시 박기 시작할 때와 마칠 때 되돌려박기를 합니다. '주름 잡기용 박기'나 지퍼를 달 때 하는 '큰 땀으로 박기'에서는 되돌려박기를 하지 않습니다.

4. 접착심지 붙이는 법

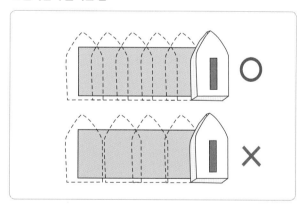

다리미는 옆으로 밀지 말고, 원단에 다리미를 대고 위에서 체중을 싣듯이 10~15초쯤 눌러 줍니다. 다리미를 다음 위치로 옮길 때 틈이 생기지 않도록 주의합니다. 옷깃 등 작은 부분의 전체에 접착심지를 붙일 때는 넉넉하게 자른 원단에 접착심지를 붙인 뒤에 열이 완전히 식고 나서 옷본을 대고 재단합니다.

Ⅲ. 바느질하기

PLUS 접착심지는 재단 배치도 에 표시된 대로 뒤 몸판 안감의 안쪽에 붙여 둡니다!

◆◆ **각 부분을 확인한다**

여자아이

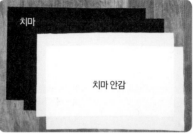

겉감 (여기에서는 남색 원단으로 설명합니다) 앞 몸판 1장, 뒤 몸판 2장, 치마 앞 뒤판(같은 치수) 1장씩

안감 (여기에서는 흰색 원단으로 설명합니다) 앞 몸판 안감 1장, 뒤 몸판 안감 2장, 치마 앞 뒤판 안감
　(같은 치수) 1장씩, 접착심지 2장

단추 3개, 그로그램 리본 100cm

엄마

겉감 앞 몸판 1장, 뒤 몸판 2장, 치마 앞판 1장, 치마 뒤판 2장

안감 앞 몸판 안감 1장, 뒤 몸판 안감 2장, 치마 앞판 안감 1장, 치마 뒤판 안감 2장

접착심지 2장, 콘실 지퍼 1개, 그로그램 리본 100cm

❖ 접착심지는 재단 배치도 에 표시된 대로 뒤 몸판 안감의 안쪽에 붙여 둡니다!

---

1 어깨선을 박는다　※ 과정 1~6 은 여자아이 옷과 엄마 옷에 모두 해당합니다. 엄마 옷을 만들 때는 '1 어깨선을 박는다'를 하기 전에 다트를 박아 두세요.

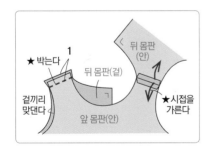

앞 몸판 안감과 뒤 몸판 안감을 겉끼리 맞대
고 어깨선을 박습니다.

시접을 손톱으로 눌러서 벌립니다(시접 가르
기).

❖ 가를 부분이 길 때는 다리미를 사용합니다.

3

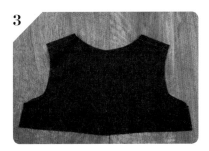

겉감도 같은 방법으로 박습니다.

2 목둘레를 박는다

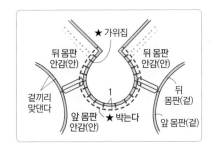

★ 가위집
뒤 몸판 안감(안)
뒤 몸판 안감(안)
겉끼리 맞댄다
뒤 몸판(겉)
앞 몸판 안감(안)
★ 박는다
앞 몸판(겉)
1

1

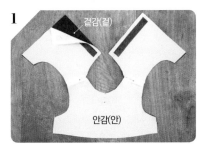

겉감(겉)
안감(안)

겉감과 안감을 겉끼리 맞댑니다.

2

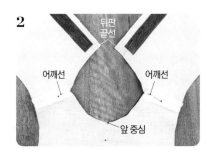

뒤판 끝선
어깨선
어깨선
앞 중심

어깨선 솔기, 앞 중심 맞춤점, 뒤판 끝선을 맞추고 목둘레를 시침핀으로 고정합니다.

3

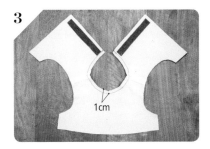

1cm

시접 1cm 지점을 돌아가며 박고 시침핀을 뺍니다.

4

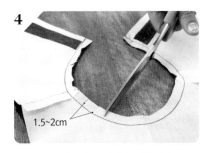

1.5~2cm

곡선 부분 시접에 가위집을 넣습니다. 1.5~2cm 간격으로 솔기의 바로 앞까지 자릅니다. 솔기를 자르지 않도록 주의합니다.

다음 페이지로 이어짐→

3 목둘레에 눌러박기를 한다 ※ 이 과정을 거치면 옷을 입었을 때 목둘레가 깔끔해 보입니다.

1

안감을 떼어내듯이 젖힙니다.

2

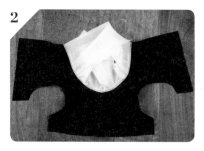

안감을 가운데로 모읍니다.

3

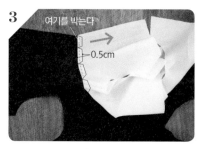

가위집을 넣은 시접을 안감 쪽으로 넘기고, 안감(겉)을 보면서 한 바퀴 돌아가며 박아 줍니다.

4

시접이 안감 쪽으로 넘어갔는지 확인하면서, 곡선 부분에서는 안감을 조금 당겨서 주름이 지지 않도록 박습니다.

5

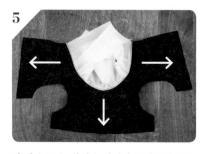

다 박은 모습. 안감을 원래대로 되돌려 놓습니다.

6

가위집을 넣은 시접 부분이 조금 일어선 상태가 됩니다.

4 진동둘레를 박는다

1

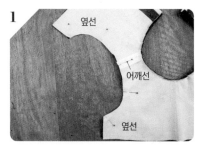

겉감과 안감의 진동둘레를 겉끼리 맞대고, 어깨선, 옆선, 그리고 그 사이를 시침핀으로 고정합니다.

2

반대쪽도 같은 방법으로 고정합니다.

3

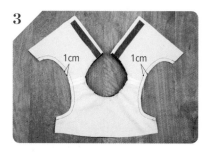

시접 1cm 지점을 박습니다.

목둘레처럼 1.5~2cm 간격으로 시접에 가위
집을 넣습니다.

5 겉으로 뒤집는다

1

뒤판 끝선

안감(안)

앞 몸판의 겉감과 안감 사이에 손을 넣어서
뒤판 끝선을 잡습니다. 사이즈가 작을 때는
끌어당겨서 잡습니다.

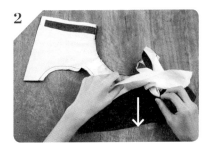

2

그대로 앞으로 당겨서 꺼냅니다.

3

안감(겉)

안감과 겉감이 안끼리 맞닿은 상태로 나옵
니다. 같은 방법으로 반대쪽도 당겨서 꺼냅
니다.

4

안감(겉)

겉감(안)

전체가 안끼리 맞닿은 상태가 되었습니다.

다음 페이지로 이어짐→

6 옆선을 박는다

1

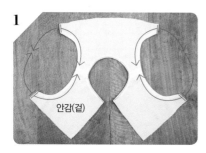

안감의 옆선, 겉감의 옆선을 각각 겉끼리 맞댑니다.

2

진동둘레 솔기를 맞추고, 안감끼리, 겉감끼리 각각 맞대졌는지 확인합니다.

3

진동둘레 솔기, 끝선을 시침핀으로 고정합니다. 진동둘레 시접은 안감 쪽으로 넘겨서 고정합니다.

4

시접 1cm 지점을 박습니다. 모서리에서는 재봉틀 바늘을 꽂은 채로 노루발을 올려서 방향을 바꾼 뒤에 다시 박습니다. 시접을 손톱으로 눌러서 가르고, 네모 위 사진처럼 솔기를 맞대듯이 하여 안끼리 맞댑니다.

5

옆선을 다 박은 모습.

여기에서부터 순서가 나뉩니다.
- **엄마 원피스** p.78의 엄마 7 로
- **여자아이 원피스** 이대로 여자아이 7 로 가서 진행합니다.

여자아이
7 뒤판 끝선을 박는다

1

겉감과 안감의 뒤판을 젖혀서 뒤판 끝선을 겉끼리 맞댑니다.

2

허리 쪽과 목둘레 쪽을 잡고 팽팽하게 당겨서 맞춥니다.

3

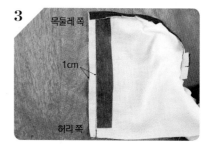

허리 쪽, 목둘레 쪽, 그 가운데 순으로 시침핀을 꽂고, 시접 1cm 지점을 똑바로 박습니다.

4

목둘레 쪽

허리 쪽에서 겉감과 안감 사이에 손을 넣어서 목둘레 쪽 시접을 손가락으로 눌러서 안감 쪽으로 넘깁니다.

5

4의 상태에서 누른 채로 모서리를 겉으로 뒤집습니다.

6

시침핀이나 송곳으로 모서리를 꼼꼼하게 빼내서 모양을 정리합니다.

8 단춧구멍을 만들고 단추를 단다

1

몸판을 다림질하여 모양을 정리하고 뒤판 끝선을 겹칩니다.

2

단추 다는 자리에 원단용 펜으로 표시를 합니다.

3

재봉틀의 단춧구멍 스티치 기능을 사용하여 단춧구멍을 박습니다. 이 책에서는 아이 옷의 단춧구멍으로 '일자 단춧구멍'을 사용했습니다.

4

단춧구멍을 3개 박았습니다.

5

단춧구멍 끝에서부터 0.5cm 지점에 실뜯개를 멈추기 위해 시침핀을 꽂습니다. 시침핀이 꽂힌 자리까지 실뜯개로 천을 자르고, 시침핀을 뺀 뒤에 반대쪽에서부터 구멍을 뚫습니다.

다음 페이지로 이어짐→

6

뒤판 끝선을 겹치고, 단춧구멍 중심을 눌러서 원단용 펜으로 단추 다는 자리를 표시합니다. 손 바늘에 단추 달기용 실을 꿰어 매듭을 짓고, 표시한 자리에 바늘을 꽂습니다.

7

안감도 함께 뜨며 단추를 3~4번 꿰매어 달 아 줍니다.

8

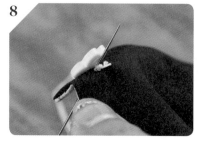

마지막으로 뒤판 안쪽에서 겉쪽으로 바늘을 뺄 때는 단추 밑으로 바늘을 뺍니다.

9

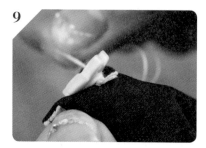

단추를 단 실을 3~4바퀴 실로 감아 줍니다.

10

감은 실에 바늘을 한 번 통과시키고, 단추와 겉감 사이에서 매듭을 지은 뒤에 실을 끊습니다.

11

단추를 잠그고 옷 모양을 정리합니다.

12

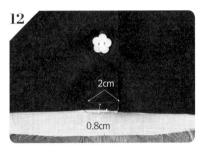

뒤 몸판이 어긋나지 않도록 아래에서 0.8cm 지점을 2cm 박아 줍니다. 몸판 완성.

9 치마를 만들어서 몸판과 잇는다

1

치마 앞·뒤판의 겉감과 안감을 겉끼리 맞대고 각각 시접 1cm로 양 옆선을 박습니다. 시접은 2장 함께 오버로크 처리(또는 지그재그박기)를 하고, 다려서 뒤판 쪽으로 넘깁니다.

2

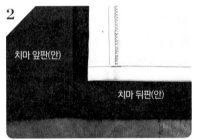

치마 앞판(안)

치마 뒤판(안)

치마 겉감과 안감 모두 치맛단을 1.5cm, 1.5cm로 두 번 접어서 박습니다.

3

치마 안감(겉)

치마 겉감(안)

치마 안감만 겉으로 뒤집어서 치마 겉감 위에 덮고 위 끝선을 맞춥니다. 치마 겉감과 안감이 안끼리 맞닿게 겹쳐진 상태가 됩니다. 네모 위 사진처럼 겉감과 안감 모두 시접이 같은 방향(뒤판 쪽)으로 넘겨졌는지 확인합니다.

4

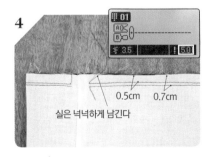

0.5cm 0.7cm

실은 넉넉하게 남긴다

재봉틀 바늘땀을 큰 땀으로 설정합니다(여기에서는 5mm). 앞판·뒤판의 양 옆선 사이에 주름을 잡기 위해 위 끝선에서 0.5cm, 0.7cm 내려온 지점에 2장을 같이 큰 땀으로 박아 줍니다.

5

치마 뒤판 안감(겉)

몸판을 거꾸로 하여 치마 겉감 안에 넣습니다.

6

몸판과 치마의 허리선을 맞춥니다. 앞 중심의 가위집, 옆선, 뒤 중심의 가위집을 맞춰서 시침핀을 꽂습니다.

다음 페이지로 이어짐→

7

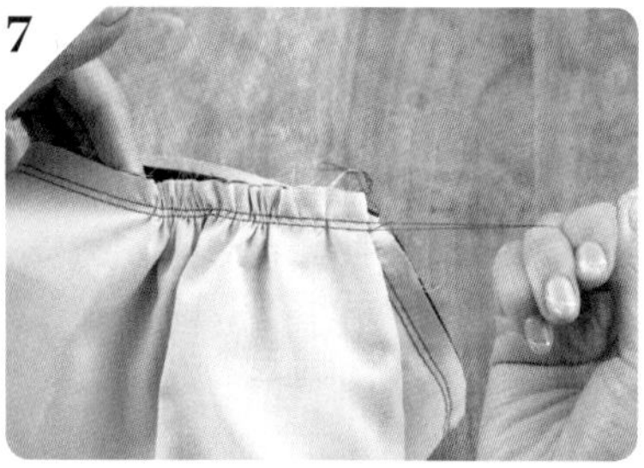

주름 잡기용으로 박은 실 중 윗실을 당겨서 주름을 잡습니다. 양 옆선에서 앞뒤 중심을 향해 주름을 모으듯이 잡아 줍니다. 나중에 몸판 길이에 맞춰서 다시 조정하니 여기에서는 잡을 수 있는 만큼만 잡아도 됩니다.

8

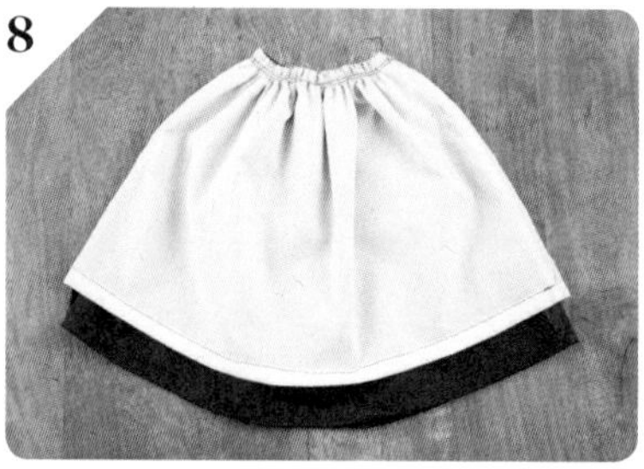

주름을 다 잡은 모습.

9

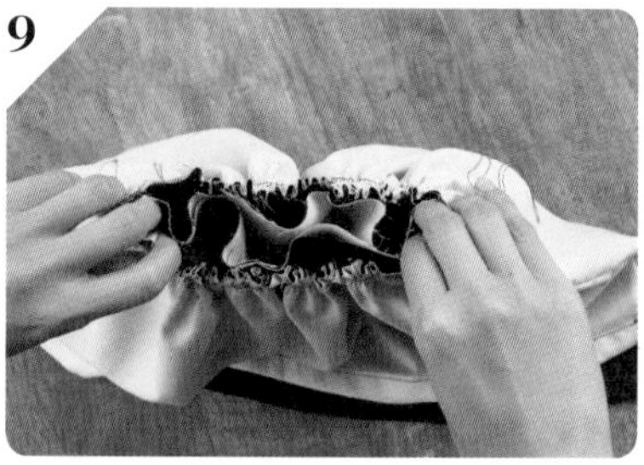

이 단계에서는 아직 몸판에도 주름이 잡혀 있습니다.

10

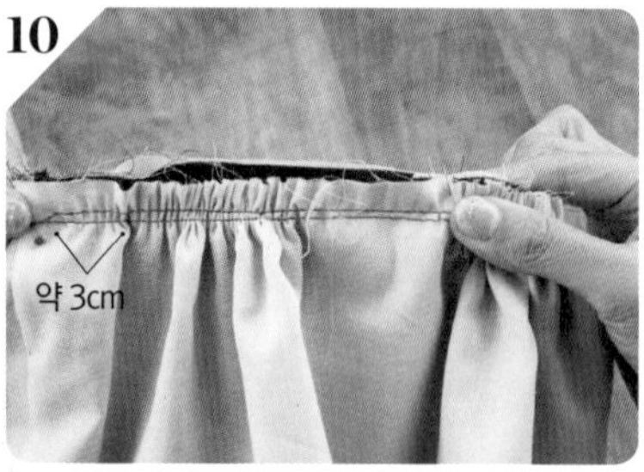

옆선과 중심에 꽂힌 시침핀을 손가락으로 꽉 누르고 몸판 길이에 맞도록 주름을 조정합니다. 중심에 주름이 잡혀 있는 편이 예쁘게 마무리되니, 옆선에서부터 3cm 정도는 평평한 상태여도 괜찮습니다.

11

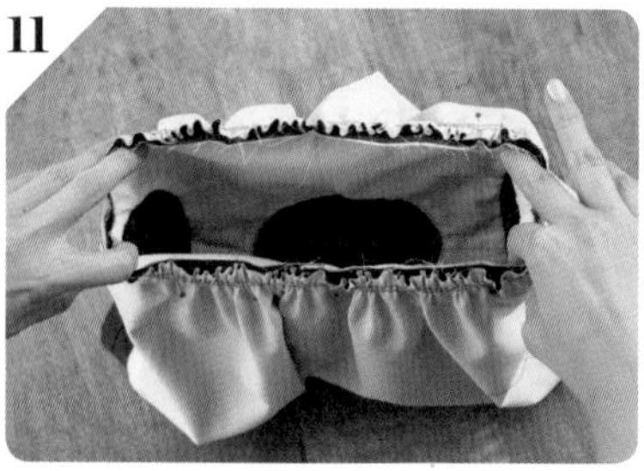

주름 조정이 끝난 모습. 몸판을 팽팽하게 당겨서, 몸판과 치마의 허리선 부분이 같은 길이가 되었는지 확인합니다.

12

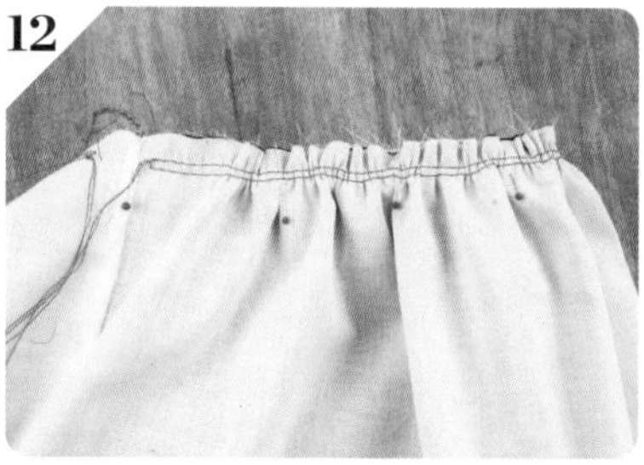

허리선에 시침핀을 꽂아서 고정합니다.

13

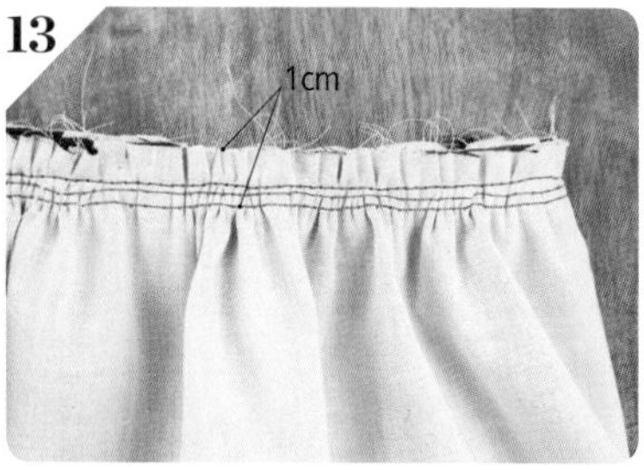

시접 1cm 지점을 한 바퀴 돌아가며 박습니다.

14

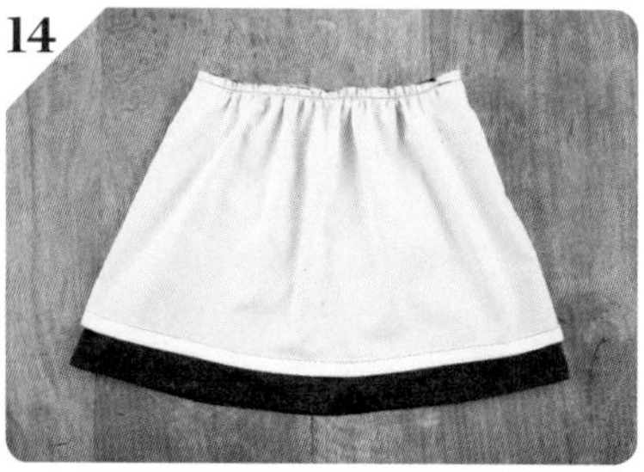

주름 잡기용 실을 빼냅니다.

15

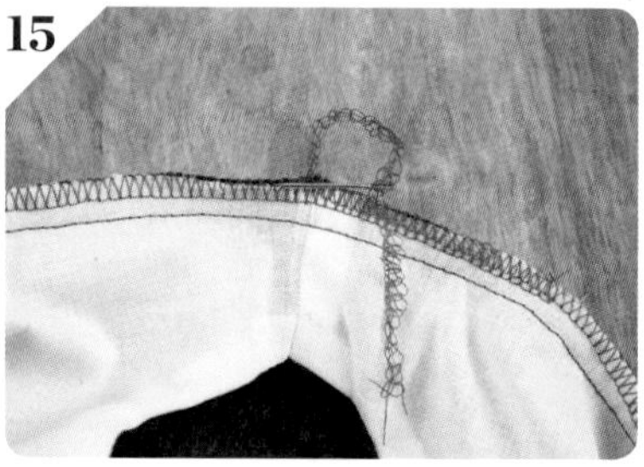

허리선 가장자리를 4장 함께 오버로크 처리(또는 지그재그박기)를 합니다.

🔟 허리선을 처리한다

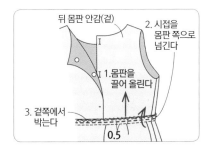

뒤 몸판 안감(겉)

2. 시접을
몸판 쪽으로
넘긴다

1.몸판을
끌어 올린다

3. 겉쪽에서
박는다

0.5

1

몸판을 위로 끌어 올리고, 허리선 시접을 다
려서 몸판 쪽으로 넘깁니다.

2

시접을 누르기 위해 허리
선에서 0.5cm 지점을 겉
쪽에서 한 바퀴 돌아가며
박습니다.

0.5cm

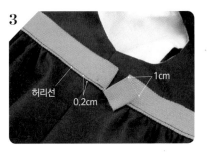

3

허리선

0.2cm

1cm

리본 아래쪽 끝을 허리선 솔기와 맞추고 아
래쪽 끝에서 0.2cm 지점을 박습니다. 옆선
에서부터 한 바퀴 돌면서 박은 뒤 리본 끝을
1cm 접어서 겹치고 박습니다. 재봉실은 리
본 색에 맞춥니다.

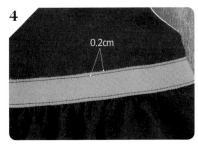

4

0.2cm

리본 위쪽 끝도 0.2cm 지점을 한 바퀴 돌아
가며 박습니다.

5

완성. 여자아이 기본 원피스를 완성했습니다.

Arrange

과정 2. 목둘레를 박을 때 옷깃을 끼운다

1

2

먼저 만들어 놓은 옷깃을 몸판 겉감과 안감 사이에 끼워서 박
으면 간단하게 옷깃을 달 수 있습니다.

과정 4. 진동둘레를 박을 때 프릴이나 소매를 끼운다

1

2

프릴이나 소매를 몸판 겉감과 안감 사이에 끼워서 박습니다.
많이 휘어진 곡선 부분은 한 번에 박지 말고 어깨선에서 옆선
을 향해 반씩 나눠서 박으세요.

7 뒤판 끝선을 처리한다

1

몸판을 다려서 모양을 정리합니다.

2

몸판 겉감(안)
몸판 안감(안)

겉감과 안감의 뒤판 끝선을 맞댑니다.

3

2장 함께 오버로크 처리
(또는 지그재그박기) 합니
다. 여기에서는 아직 본박
음질은 하지 않습니다.

8 치마를 만들어서 몸판과 잇는다

1

지퍼 끝점
옆선
치마 뒤판(안)

치마 앞·뒤판의 겉감을 겉끼리 맞대고 시
접 1cm로 양 옆선을 박습니다. 옆선 시접은
2장 함께 오버로크 처리를 하여 뒤판 쪽으
로 넘깁니다. 뒤 중심은 1장씩 오버로크 처
리를 하고, 지퍼 끝점에서 치맛단까지 시접
1.5cm로 박아서 시접을 가릅니다.

2

치마 뒤판 안감(안)
박음질
끝점
1.5cm

1과 같은 방법으로 치마
안감을 박습니다. 치마 겉
감과 안감 모두 치맛단을
1.5cm, 1.5cm로 두 번 접
어서 각각 박습니다.

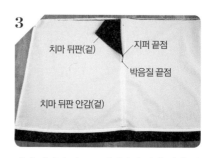

3

치마 뒤판(겉)
지퍼 끝점
박음질 끝점
치마 뒤판 안감(겉)

치마 안감만 겉으로 뒤집어서 치마 겉감 위
에 덮고 위 끝선을 맞춥니다. 치마 겉감과
안감이 안끼리 맞닿게 겹쳐진 상태가 됩니
다. 치마 겉감의 지퍼 끝점보다 치마 안감의
박음질 끝점 자리가 2cm 아래에 있습니다.

4

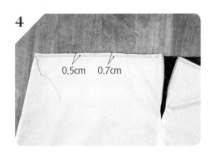

재봉틀 바늘땀을 큰 땀으로 설정합니다. 앞판은 옆선~옆선, 뒤판은 옆선~뒤 중심까지 2장을 같이 위 끝선에서 0.5cm, 0.7cm 내려온 부분에 주름 잡기용으로 박아 줍니다.

5

몸판을 거꾸로 하여 치마 안에 넣습니다.

6

허리선의 앞 중심, 옆선, 뒤 중심을 맞추고 시침핀으로 고정한 뒤에 주름을 잡아서 몸판 길이에 맞춥니다. 옆선에서 중심을 향해 주름이 점점 많아지는 느낌으로 좌우대칭이 되도록 주름을 잡아 줍니다. 옆선에서부터 3cm 정도는 평평한 상태여도 괜찮습니다. 몸판과 길이가 맞으면 시침핀으로 고정하고 시접 1cm 지점을 돌아가며 박습니다.

7

주름 잡기용 실을 빼냅니다. 허리선 가장자리를 4장 함께 오버로크 처리(또는 지그재그 박기)를 한 뒤에 몸판을 위로 끌어 올리고 허리선 시접을 몸판 쪽으로 넘깁니다.

8

겉으로 뒤집습니다. 리본 끝의 올이 풀리지 않도록 1cm 접고 다시 1.5cm 접어서 뒤판 끝선에 걸고, 리본 아래쪽 끝을 허리선 솔기에 맞춘 뒤에 한 바퀴 돌아가며 박습니다.

리본을 달지 않을 때

허리선 시접을 눌러 주기 위해 허리선 솔기에서 0.5cm 지점을 겉쪽에서 한 바퀴 돌아가며 박습니다.

다음 페이지로 이어짐→

9 콘실 지퍼를 단다

※ 여기에서는 간단히 달 수 있는 방법을 소개합니다. 초보자는 뒤 중심을 지퍼 끝점까지 큰 땀으로 박아 두고 지퍼를 임시로 고정한 뒤에 나중에 풀면, 지퍼와 옷이 어긋
　　나지 않게 달 수 있습니다.

1

지퍼의 테이프 부분에 좁은 양면테이프를 붙입니다.

2

뒤 중심 시접을 목둘레에서 치마 겉감의 지퍼 끝점까지 1.5cm 접어서 다려 줍니다. 지퍼를 닫은 상태에서 지퍼 슬라이더를 목둘레 높이에 맞추고, 뒤 중심에 지퍼 이빨이 딱 닿도록 1의 양면테이프로 지퍼를 시접에 고정합니다.

3

지퍼의 하단 막음쇠를 아래로 내리고, 슬라이더가 치마 겉감의 지퍼 끝점보다 아래에 오도록 지퍼를 열어 줍니다.

4

재봉틀 노루발을 콘실 지퍼 노루발로 바꿉니다. 뒤 중심 시접을 벌리고 지퍼를 시접에 박습니다. 이때 노루발에 맞춰서 지퍼를 세우며 안쪽을 박습니다. 치마 겉감의 지퍼 끝점까지 박아 줍니다.

5

한쪽을 다 박은 모습.

6

지퍼 끝점

반대쪽도 같은 방법으로 박습니다.

지퍼 하단 막음쇠를 고정하기 전에 지퍼를 닫고 겉쪽에서 지퍼를 제대로 달았는지 확인합니다. 이 단계에서는 박음질을 풀고 다시 달 수 있습니다.

◆ **좌우 목둘레, 지퍼의 슬라이더 높이가 맞는가?**

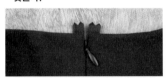

◆ **좌우 리본 높이가 맞는가??**

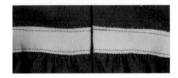

7

지퍼 끝점

지퍼를 닫고, 하단 막음쇠를 치마 겉감의 지퍼 끝점까지 올린 뒤에 펜치로 좌우에서 눌러서 고정합니다.

8

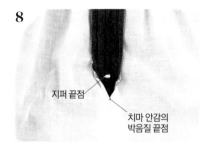

지퍼 끝점

치마 안감의 박음질 끝점

지퍼 끄트머리를 치마 겉감과 안감 사이에 집어넣습니다.

🔟 마무리한다

1

지퍼의 위쪽 끝을 접어서 양쪽을 2cm쯤 박습니다. 겉쪽에서도 바늘땀이 보이므로 겉감과 같은 색깔 재봉실을 사용합니다.

2

치마 겉감을 젖히고, 치마 안감과 지퍼 아래쪽 끝을 박아 줍니다.

처음으로 아이 옷을 만드는 분에게

DOUDOU의 워크숍에는 재봉틀을 처음 다뤄 본다는 분들도 많이 옵니다.

그래서 "시침핀을 꽂은 채 재봉틀로 박아도 되나요?"라는 질문이 많이 나옵니다.

사실은 재봉틀에 흠집이 나기도 하니 시침핀을 뽑으면서 박는 것이 좋지만,

워크숍에서는 초보자라도 박음질이 어긋나지 않도록 시침핀을 꽂아 둔 채 작업하도록 합니다.

사소한 부분에서 멈추지 않고 옷을 완성하는 기분을 곧바로 느껴 보도록 하고 싶기 때문이지요.

초보자라도 최소한 이 점만 지키면 옷을 예쁘게 만들 수 있는 요령을 세 가지 소개합니다.

• 주름을 잡을 때는 꼼꼼하고 고르게.

• 재봉틀로 박을 때는 바늘이 아니라 재봉틀 침판의 눈금과 원단 가장자리를 본다.

• 허리선 등을 한 바퀴 돌아가며 박을 때는 침판 눈금을 기준으로 삼아서 똑바로 박고,
   박음질을 시작하는 부분과 마치는 부분은 겹쳐 준다.

이 세 가지에 주의를 기울여서 옷을 만들어 보세요.

또 옷본에는 없지만 "size 70으로 만들고 싶은데요."라고 하는 분도 많습니다.

아기의 사이즈는 개인차가 커서 하나로 뭉뚱그려 말하기는 어렵지만, p.62에서 소개한

'옆선에서 줄이는 방법'으로 사이즈를 약간 조정할 수 있습니다.

이 책에 실린 옷본은 몸판이 비교적 넉넉한 디자인이라서 밑단 시접을 여유 있게 잡으면

키가 자랐을 때 단을 내 가며 오랫동안 입을 수 있답니다.

기본
원피스의 변형

g
어깨 단추 원피스

·
×

PHOTO. P 25

[사용하는 옷본] ❖ 2장 필요합니다.
B면 ① 앞 몸판 ② 뒤 몸판

[재료]
- ❖ **겉감** 리버티프린트(타나 론) 110cm 너비×120│130│140│150│160│170cm
- ❖ **안감** 남색 론 110cm 너비×70│70│80│90│90│100cm
- ❖ **배색감** 남색 면(중간 두께) 15cm×25cm
- ❖ **지름 1.5cm 둥근 단추** 2개
- ❖ **접착심지** 3.5cm×3cm 2장

완성 치수

※ 단위는 cm

size	80	90	100	110	120	130
가슴둘레	59.5	60.5	63.5	67.5	71.5	75.5
등 너비	22	24	25.5	28	29.5	32
등 길이	14	15.5	17	18	19	20
치마 길이	28	31	34	37	40	43

재단 배치도

- ★ 시접은 정해진 것 이외에는 1cm.
- ★ 굵은 숫자는 정해진 시접 길이(cm).
- ★ 원단 필요량은 size 80│90│100│110│120│130 순.

겉감(몸판, 치마)(몸판 안감)

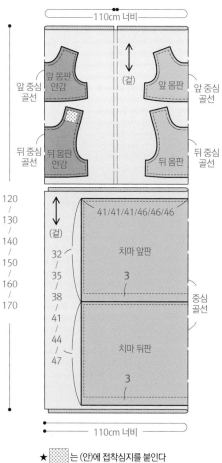

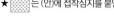

★ 〰는 (안)에 접착심지를 붙인다

작품에 사용한 겉감 원단은
★ 리버티프린트(타나 론)
Xanthe Sunbeam[3633151DE]

다음 페이지로 이어짐→

안감(치마 안감)

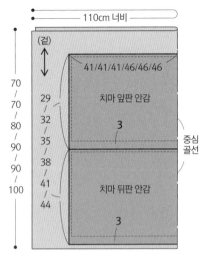

110cm 너비

(겉)

41/41/41/46/46/46

치마 앞판 안감

3

치마 뒤판 안감

3

중심
골선

70
/
70
/
80
/
90
/
90
/
100

29
/
32
/
35
/
38
/
41
/
44

작품에 사용한 안감 원단은 ★ 남색 론

배색감(리본, 단춧감)

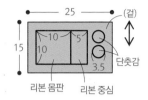

25

(겉)

15

10   5

10

3.5

단춧감

리본 몸판   리본 중심

작품에 사용한 배색감 원단은 ★ 남색 면(중간 두께)

만드는 순서

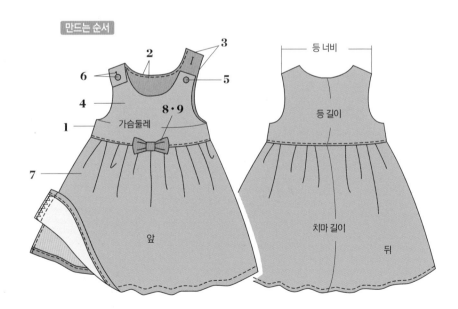

등 너비

등 길이

가슴둘레

2
3
6
5
4
1
8·9
7

앞

치마 길이

뒤

86

1. 옆선을 박는다 ❖ 안감도 같은 방법으로 박는다

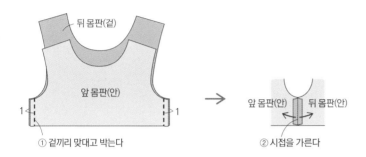

뒤 몸판(겉)

앞 몸판(안)

1 ← → 1

① 겉끼리 맞대고 박는다

앞 몸판(안)   뒤 몸판(안)

② 시접을 가른다

2. 몸판 겉감과 안감을 겉끼리 맞대고 목둘레를 박는다

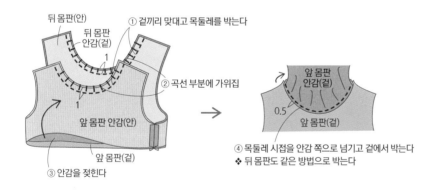

뒤 몸판(안)
뒤 몸판 안감(겉)

① 겉끼리 맞대고 목둘레를 박는다
1
② 곡선 부분에 가위집

앞 몸판 안감(안)

1

앞 몸판(겉)

③ 안감을 젖힌다

앞 몸판 안감(겉)

0.5

앞 몸판(겉)

④ 목둘레 시접을 안감 쪽으로 넘기고 겉에서 박는다
❖ 뒤 몸판도 같은 방법으로 박는다

3. 어깨선, 진동둘레를 박는다

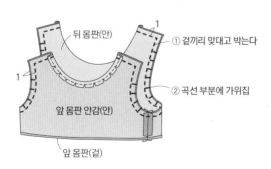

뒤 몸판(안)
1

① 겉끼리 맞대고 박는다

1

② 곡선 부분에 가위집

앞 몸판 안감(안)

앞 몸판(겉)

4. 겉으로 뒤집는다

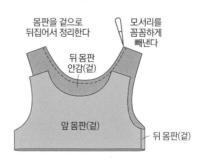

몸판을 겉으로
뒤집어서 정리한다

모서리를
꼼꼼하게
빼낸다

뒤 몸판
안감(겉)

앞 몸판(겉)

뒤 몸판(겉)

다음 페이지로 이어짐→

5. 싸개단추를 만든다 ❖ 이 작품은 시중에서 판매하는 싸개단추 키트를 사용했습니다

〈손바느질로 싸개단추 만드는 법〉

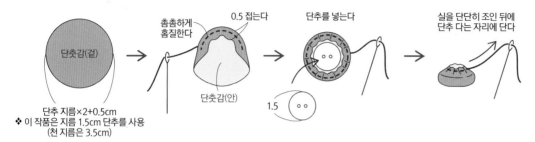

단춧감(겉)

촘촘하게 홈질한다

0.5 접는다

단춧감(안)

단추를 넣는다

실을 단단히 조인 뒤에 단추 다는 자리에 단다

단추 지름×2+0.5cm
❖ 이 작품은 지름 1.5cm 단추를 사용
(천 지름은 3.5cm)

1.5

6. 단춧구멍을 만들고 단추를 단다

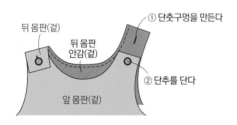

뒤 몸판(겉)

뒤 몸판 안감(겉)

① 단춧구멍을 만든다

② 단추를 단다

앞 몸판(겉)

7. 치마를 만들어서 몸판에 잇는다 ❖ p.75의 9 ~p.77의 10 1, 2 참조

8. 리본을 만든다

〈몸판〉

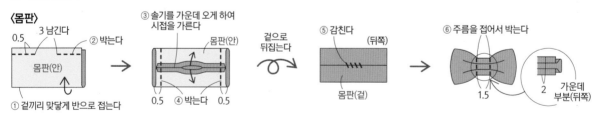

0.5

3 남긴다

② 박는다

몸판(안)

① 겉끼리 맞닿게 반으로 접는다

③ 솔기를 가운데 오게 하여 시접을 가른다

몸판(안)

0.5 ④ 박는다 0.5

겉으로 뒤집는다

⑤ 감친다

(뒤쪽)

몸판(겉)

⑥ 주름을 접어서 박는다

1.5 2 가운데 부분(뒤쪽)

〈중심〉

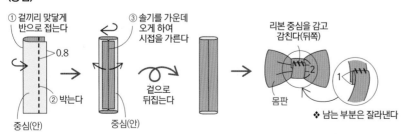

① 겉끼리 맞닿게 반으로 접는다

0.8

② 박는다

중심(안)

③ 솔기를 가운데 오게 하여 시접을 가른다

중심(안)

겉으로 뒤집는다

리본 중심을 감고 감친다(뒤쪽)

2 1

몸판

❖ 남는 부분은 잘라낸다

9. 리본을 앞 중심에 감침질로 달아 준다

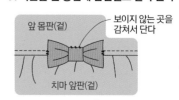

앞 몸판(겉)

보이지 않는 곳을 감쳐서 단다

치마 앞판(겉)

j
2단 치마 원피스

×

PHOTO. P 33

[사용하는 옷본] ❖ 2장 필요합니다.

A면 ① 앞 몸판 ② 뒤 몸판

[재료]

- **겉감** 리버티프린트(타나 론) 110cm 너비×120 | 130 | 140 | 150 | 160 | 170cm
- **안감** 흰색 론 110cm 너비×85 | 90 | 95 | 100 | 105 | 115cm
- **지름 1.5cm 둥근 단추(흰색)** 3개
- **2cm 너비 그로그랭 리본(주황)** 90cm
- **접착심지** 2.5cm×30cm 2장

완성 치수

※ 단위는 cm

size	80	90	100	110	120	130
가슴둘레	60	62	66.5	70.5	74.5	78.5
등 너비	22	25	27	29	31	33
등 길이	14	15	17	18	19	20
치마 길이	33	36	39	42	45	48.5

재단 배치도

★ 시접은 정해진 것 이외에는 1cm.

★ 굵은 숫자는 정해진 시접 길이(cm).

★ 원단 필요량은 size 80 | 90 | 100 | 110 | 120 | 130 순.

겉감(몸판, 치마)**(몸판 안감)**

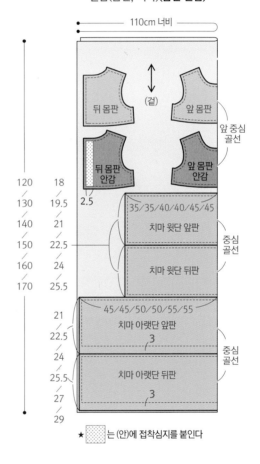

★ ▨ 는 (안)에 접착심지를 붙인다

작품에 사용한 겉감 원단은
★ 리버티프린트(타나 론)
Melody Small[3638115A]

다음 페이지로 이어짐→

안감(치마 안감)

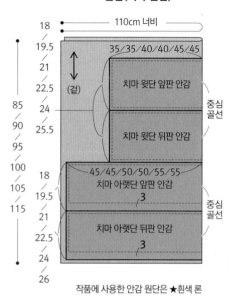

18
19.5
21
22.5
24
25.5

110cm 너비

35／35／40／40／45／45

(겉)

치마 윗단 앞판 안감

중심
골선

치마 윗단 뒤판 안감

85
90
95
100
105
115

18
19.5

45／45／50／50／55／55

치마 아랫단 앞판 안감

3

중심
골선

21
22.5
24
26

치마 아랫단 뒤판 안감

3

작품에 사용한 안감 원단은 ★흰색 론

만드는 순서

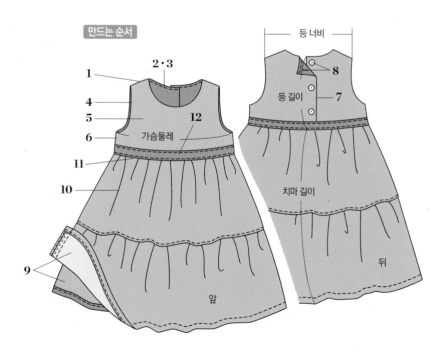

1
4
5
6
11
10
9

2・3
12
가슴둘레

등 너비
8
등 길이 7
치마 길이

뒤
앞

1~8. p.68의 **1** ~p.73의 **8** 을 참조하여 몸판을 만든다.

9. 치마를 박는다   ❖ 치마 안감도 같은 방법으로 박는다

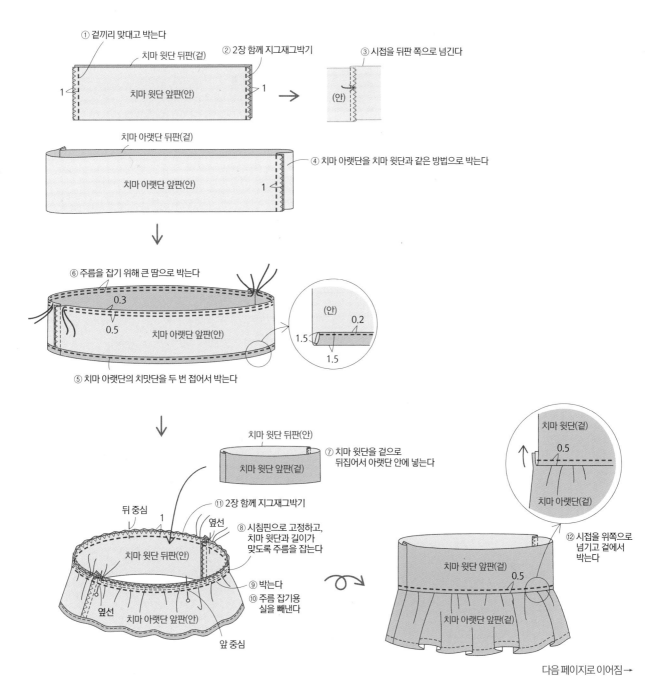

① 겉끼리 맞대고 박는다

치마 윗단 뒤판(겉)

② 2장 함께 지그재그박기

치마 윗단 앞판(안)

1   1

③ 시접을 뒤판 쪽으로 넘긴다

(안)

치마 아랫단 뒤판(겉)

④ 치마 아랫단을 치마 윗단과 같은 방법으로 박는다

치마 아랫단 앞판(안)

1

⑥ 주름을 잡기 위해 큰 땀으로 박는다

0.3

0.5

치마 아랫단 앞판(안)

⑤ 치마 아랫단의 치맛단을 두 번 접어서 박는다

(안)

0.2

1.5

1.5

치마 윗단 뒤판(안)

⑦ 치마 윗단을 겉으로 뒤집어서 아랫단 안에 넣는다

치마 윗단 앞판(겉)

뒤 중심

1

⑪ 2장 함께 지그재그박기

옆선

⑧ 시침핀으로 고정하고, 치마 윗단과 길이가 맞도록 주름을 잡는다

치마 윗단 뒤판(안)

옆선

치마 아랫단 앞판(안)

앞 중심

⑨ 박는다

⑩ 주름 잡기용 실을 빼낸다

치마 윗단(겉)

0.5

치마 아랫단(겉)

⑫ 시접을 위쪽으로 넘기고 겉에서 박는다

치마 윗단 앞판(겉)

0.5

치마 아랫단 앞판(겉)

다음 페이지로 이어짐→

10. 치마 윗단에 주름을 잡기 위해 큰 땀으로 박는다

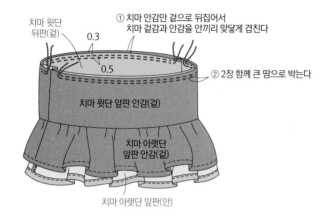

① 치마 안감만 겉으로 뒤집어서
치마 겉감과 안감을 안끼리 맞닿게 겹친다

② 2장 함께 큰 땀으로 박는다

치마 윗단
뒤판(겉)

0.3

0.5

치마 윗단 앞판 안감(겉)

치마 아랫단
앞판 안감(겉)

치마 아랫단 앞판(안)

11. 몸판과 치마를 잇는다

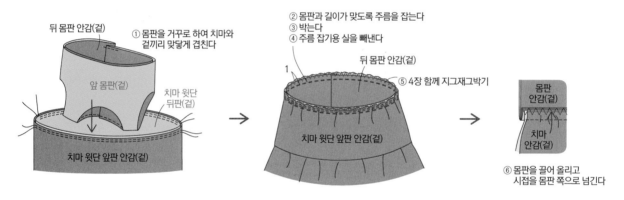

뒤 몸판 안감(겉)

① 몸판을 거꾸로 하여 치마와
겉끼리 맞닿게 겹친다

앞 몸판(겉)

치마 윗단
뒤판(겉)

치마 윗단 앞판 안감(겉)

② 몸판과 길이가 맞도록 주름을 잡는다
③ 박는다
④ 주름 잡기용 실을 빼낸다

뒤 몸판 안감(겉)

1

⑤ 4장 함께 지그재그박기

치마 윗단 앞판 안감(겉)

몸판
안감(겉)

치마
안감(겉)

⑥ 몸판을 끌어 올리고
시접을 몸판 쪽으로 넘긴다

12. 허리에 리본을 단다

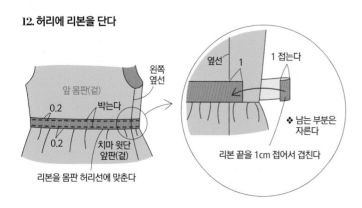

앞 몸판(겉)

왼쪽
옆선

0.2

박는다

0.2

치마 윗단
앞판(겉)

리본을 몸판 허리선에 맞춘다

옆선

1

1 접는다

❖ 남는 부분은
자른다

리본 끝을 1cm 접어서 겹친다

p
스퀘어넥 원피스

·
×

PHOTO. P 46

[사용하는 옷본] ❖ 2장 필요합니다.
B면 ① 앞 몸판 ② 뒤 몸판

[재료]
- **겉감** 리버티프린트(타나 론) 110cm 너비 × 100 | 100 | 110 | 120 | 130 | 140cm
- **안감** 남색 론 110cm 너비 × 90 | 100 | 110 | 120 | 130 | 140cm
- **배색감** 남색 면(중간 두께) 20cm × 50 | 50 | 50 | 60 | 60 | 60cm
- **지름 1.2cm 꽃 모양 단추(흰색)** 3개
- **접착심지** 2.5cm × 30cm 2장

완성 치수
※ 단위는 cm

size	80	90	100	110	120	130
가슴둘레	52	55	59	63	69	73
등 너비	22.5	23	25	27	30.5	32.5
등 길이	15	16	18	19	20	21
치마 길이	28	31	34	37	40	43

★ ▨ 는 (안)에 접착심지를 붙인다
작품에 사용한 안감 원단은 ★ 남색 론

재단 배치도
★ 시접은 정해진 것 이외에는 1cm.
★ 굵은 숫자는 정해진 시접 길이(cm).
★ 원단 필요량은 size 80 | 90 | 100 | 110 | 120 | 130 순.

겉감(몸판, 치마)

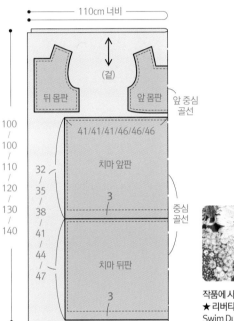

110cm 너비

(겉)

뒤 몸판   앞 몸판   앞 중심
                      골선

100/100/110/120/130/140

41/41/41/46/46/46

치마 앞판

32/35/38/41/44/47

3   중심
     골선

치마 뒤판

3

작품에 사용한 겉감 원단은
★ 리버티프린트(타나 론)
Swim Dunclare[5672151S-ZE]

안감(몸판 안감, 치마 안감)

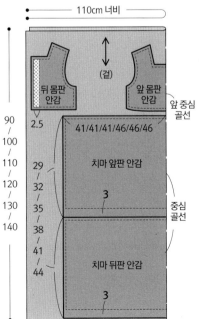

110cm 너비

(겉)

뒤 몸판   앞 몸판
안감   안감   앞 중심
                   골선

2.5

90/100/110/120/130/140

41/41/41/46/46/46

치마 앞판 안감

29/32/35/38/41/44

3   중심
     골선

치마 뒤판 안감

3

다음 페이지로 이어짐→

배색감(허리띠, 가운뎃감)

만드는 순서

등 너비

50/50/50/60/60/60
28/30/32/34/36/38

가운뎃감

20   허리띠

9/10/11/12/13/14

8/9/10/11/12/13

❖ 허리띠와 가운뎃감은 이어서 재단한다
작품에 사용한 배색감 원단은 ★ 남색 면(중간 두께)

1   2
3
5   가슴둘레
4
9   치마 길이   보이지 않는 곳을
감쳐서 고정한다
앞

8
7
등 길이   뒤
6
10

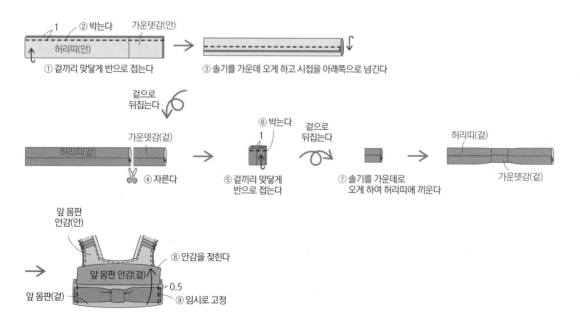

만드는 법

1~3. p.68의 **1**~p.70의 **4**를 참조하여 진동둘레까지 박는다

4. 허리띠를 만들어서 단다

1 ② 박는다   가운뎃감(안)
허리띠(안)
① 겉끼리 맞닿게 반으로 접는다

→

③ 솔기를 가운데 오게 하고 시접을 아래쪽으로 넘긴다

겉으로
뒤집는다

허리띠(겉)   가운뎃감(겉)
✄ ④ 자른다

→

⑥ 박는다
1
⑤ 겉끼리 맞닿게
반으로 접는다

겉으로
뒤집는다

⑦ 솔기를 가운데로
오게 하여 허리띠에 끼운다

→

허리띠(겉)
가운뎃감(겉)

앞 몸판
안감(안)

⑧ 안감을 젖힌다
앞 몸판 안감(겉)
앞 몸판(겉)   0.5
⑨ 임시로 고정

→

5~10. p.71의 **5**~p.77의 **10** 1, 2를 참조하여 몸판을 만들고 치마를 잇는다

94

프릴을 사용한
원피스

a

목둘레 프릴 원피스

•
×

PHOTO. P 08

d

비타민 컬러
원피스

•
×

PHOTO. P 16

재단 배치도

★ 시접은 정해진 것 이외에는 1cm.
★ 굵은 숫자는 정해진 시접 길이(cm).
★ 원단 필요량은 size 80 | 90 | 100 | 110 | 120 | 130 순.

겉감(몸판, 치마, 목둘레 프릴)

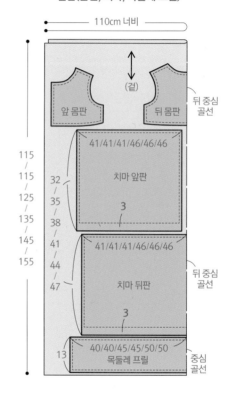

[사용하는 옷본] ❖ 2장 필요합니다.
A면 ① 앞 몸판 ② 뒤 몸판

[재료]
● **겉감** 리버티프린트(타나 론) 110cm 너비×115 | 115 | 125 | 135 | 145 | 155cm
● **안감** 남색 론 110cm 너비×95 | 95 | 105 | 115 | 125 | 135cm
● **지름 1.2cm 꽃 모양 단추(흰색)** size 80~100 7개, size 110~130 8개
● **접착심지** 2.5cm×30cm 2장, 2.5cm×45cm 2장

완성 치수　　　　　　　　　　　　 ※ 단위는 cm

size	80	90	100	110	120	130
가슴둘레	57.5	62	66	70	74	78
등 너비	22.5	23.5	26.5	28.5	30.5	32.5
등 길이	15	16.5	18	19	20	21
치마 길이	28	31	34	37	40	43

작품에 사용한 겉감 원단은
★ 리버티프린트(타나 론)
Phoebe **a**는 파랑, **d**는 주황

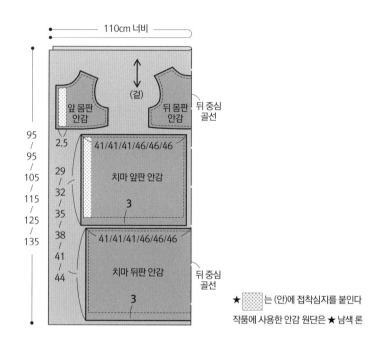

안감(몸판 안감, 치마 안감)

110cm 너비

(겉)

앞 몸판
안감

뒤 몸판
안감

뒤 중심
골선

95
/
95
/
105
/
115
/
125
/
135

2.5

29

32

35

38

41

44

41/41/41/46/46/46

치마 앞판 안감

3

41/41/41/46/46/46

치마 뒤판 안감

3

뒤 중심
골선

★ ▨ 는 (안)에 접착심지를 붙인다
작품에 사용한 안감 원단은 ★ 남색 론

만드는 순서

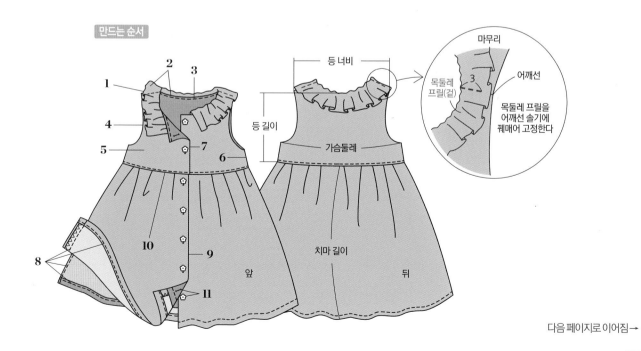

1
2
3
4
5
7
6
8
9
10
11

등 너비

등 길이

가슴둘레

마무리

목둘레
프릴(겉)

어깨선

3

목둘레 프릴을
어깨선 솔기에
꿰매어 고정한다

치마 길이

앞

뒤

다음 페이지로 이어짐→

1. 어깨선을 박는다 ❖ 안감도 같은 방법으로 박는다

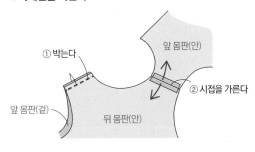

① 박는다

앞 몸판(안)

앞 몸판(겉)

② 시접을 가른다

뒤 몸판(안)

2. 목둘레 프릴을 만들어서 단다

② 박는다   ② 박는다

1

목둘레 프릴(안)

① 겉끼리 맞닿게 반으로 접는다

1

겉으로
뒤집는다

③ 2장 함께 주름을 잡기 위해 큰 땀으로 박는다

0.3

0.5 목둘레 프릴(겉)

④ 뒤 중심과 프릴 중심을 맞춘다

⑤ 프릴 끝점을 옷깃 다는
자리에 맞춘다

골선

뒤
몸판(겉)

0.8

목둘레 프릴(겉)

⑥ 주름을
잡아서
박는다

앞 몸판(겉)

⑦ 주름 잡기용
실을 빼낸다

실을
당긴다

3. 목둘레에 눌러박기를 한다

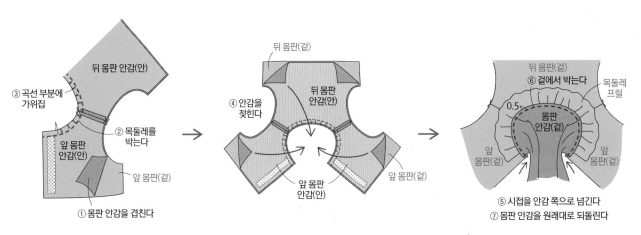

뒤 몸판 안감(안)

③ 곡선 부분에
가위집

② 목둘레를
박는다

앞 몸판
안감(안)

앞 몸판(겉)

① 몸판 안감을 겹친다

뒤 몸판(겉)

④ 안감을
젖힌다

뒤 몸판
안감(안)

앞 몸판(겉)

앞 몸판
안감(안)

뒤 몸판(겉)

⑥ 겉에서 박는다

목둘레
프릴

0.5

몸판
안감(겉)

앞
몸판(겉)

앞
몸판(겉)

⑤ 시접을 안감 쪽으로 넘긴다

⑦ 몸판 안감을 원래대로 되돌린다

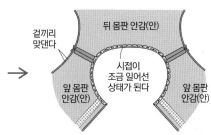

겉끼리
맞댄다

뒤 몸판 안감(안)

시접이
조금 일어선
상태가 된다

앞 몸판
안감(안)

앞 몸판
안감(안)

4. 진동둘레를 박는다

① 박는다
❖ 목둘레 프릴을 같이 박지 않도록 주의한다

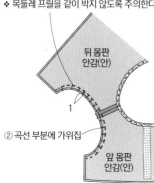

뒤 몸판
안감(안)

1

② 곡선 부분에 가위집

앞 몸판
안감(안)

5. 겉으로 뒤집는다
6. 옆선을 박는다
7. 앞판 끝선을 박는다

p.71의 **5** ~p.72의 **7** 참조
(❖ 몸판 앞뒤가 거꾸로 되므로 주의한다)

8. 치마 옆선과 치맛단을 박는다

❖ 반대쪽도 같은 방법으로 박는다
❖ 치마 안감도 같은 방법으로 박는다

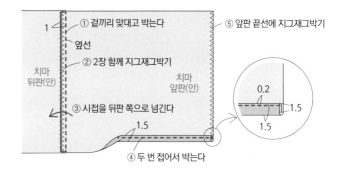

1
① 겉끼리 맞대고 박는다
옆선
② 2장 함께 지그재그박기
치마
뒤판(안)
③ 시접을 뒤판 쪽으로 넘긴다
1.5
④ 두 번 접어서 박는다
⑤ 앞판 끝선에 지그재그박기
치마
앞판(안)
0.2
1.5
1.5

9. 치마 겉감과 안감을 맞댄다

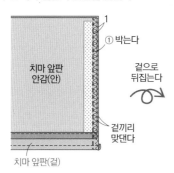

1
① 박는다

치마 앞판
안감(안)

겉으로
뒤집는다

겉끼리
맞댄다

치마 앞판(겉)

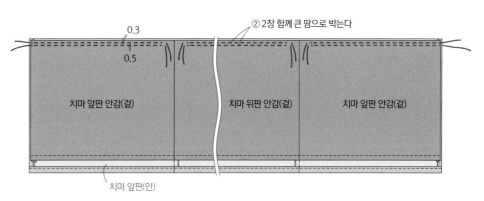

0.3
0.5
② 2장 함께 큰 땀으로 박는다

치마 앞판 안감(겉)

치마 뒤판 안감(겉)

치마 앞판 안감(겉)

치마 앞판(안)

10. 몸판과 치마를 잇는다

❖ p.185의 **10** 참조

11. 단춧구멍을 만들고 단추를 단다

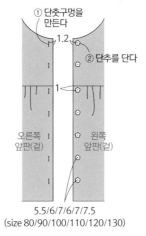

① 단춧구멍을
만든다
1.2
② 단추를 단다
1

오른쪽
앞판(겉)

왼쪽
앞판(겉)

5.5/6/7/6/7/7.5
(size 80/90/100/110/120/130)

1
어깨 프릴 원피스

·
×

PHOTO. P 38

[사용하는 옷본] ❖ 2장 필요합니다.
C면 ① 앞 몸판 ② 뒤 몸판

[재료]
- **겉감** 검정 면(중간 두께) 110cm 너비×75 | 80 | 85 | 90 | 95 | 100cm
- **겉감** 줄무늬 면(중간 두께) 110cm 너비×60 | 65 | 70 | 75 | 80 | 90cm
- **안감** 검정 론 110cm 너비×55 | 60 | 65 | 70 | 75 | 80cm
- **지름 1.2cm 꽃 모양 단추(흰색)** size 80~100 3개, size 110~130 4개
- **접착심지** 2.5cm×40cm 2장

완성 치수

※ 단위는 cm

size	80	90	100	110	120	130
가슴둘레	60	62.5	66.5	70	74	78
등 너비	21	23.5	25	27	29	31
등 길이	20.5	23	26	27	28	29
치마 길이	20	23	26	29	32	35

작품에 사용한 치마와 리본 겉감 원단은
★ 흰색×남색 줄무늬 면(중간 두께)

0.7cm

★ 시접은 정해진 것 이외에는 1cm.
★ 굵은 숫자는 정해진 시접 길이(cm).
★ 원단 필요량은 size 80 | 90 | 100 | 110 | 120 | 130 순.

겉감(몸판, 어깨 프릴)(몸판 안감)

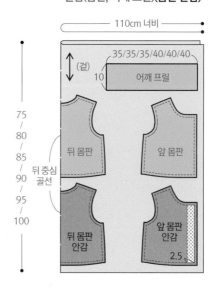

110cm 너비

35/35/35/40/40/40

(겉)

10 어깨 프릴

75 / 80 / 85 / 90 / 95 / 100

뒤 중심 골선

뒤 몸판
앞 몸판
뒤 몸판 안감
앞 몸판 안감
2.5

작품에 사용한 몸판 겉감 및 안감 원단은 ★ 검정 면(중간 두께)
★ ▧ 는 (안)에 접착심지를 붙인다

겉감(치마, 리본)

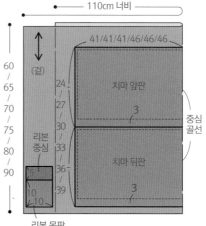

110cm 너비

41/41/41/46/46/46

(겉)

60 / 65 / 70 / 75 / 80 / 90

24
27
30
33
36
39

치마 앞판
3
중심 골선
치마 뒤판
3

리본 중심
5
10
10

리본 몸판

안감(치마 안감)

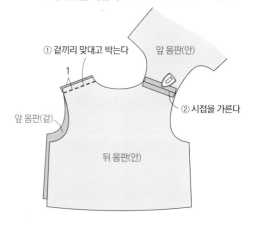

- 110cm 너비
- (겉)
- 41/41/41/46/46/46
- 치마 앞판 안감 **3**
- 치마 뒤판 안감 **3**
- 중심 골선
- 55 / 60 / 65 / 70 / 75 / 80
- 21 / 24 / 27 / 30 / 33 / 36

작품에 사용한 안감 원단은 ★ 검정 론

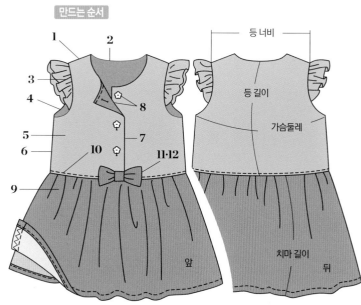

- 1
- 2
- 3
- 4
- 5
- 6
- 7
- 8
- 9
- 10
- 11·12
- 등 너비
- 등 길이
- 가슴둘레
- 치마 길이
- 앞
- 뒤

만드는 법

1. 어깨선을 박는다 ❖ 안감도 같은 방법으로 박는다

- ① 겉끼리 맞대고 박는다
- 앞 몸판(안)
- ② 시접을 가른다
- 1
- 앞 몸판(겉)
- 뒤 몸판(안)

2. 목둘레를 박는다

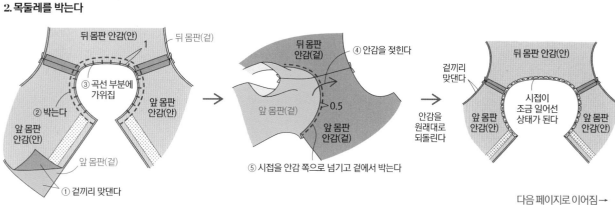

- 뒤 몸판 안감(안)
- 뒤 몸판(겉)
- 1
- ③ 곡선 부분에 가위집
- ② 박는다
- 앞 몸판 안감(안)
- 앞 몸판 안감(안)
- 앞 몸판(겉)
- ① 겉끼리 맞댄다

- 뒤 몸판 안감(겉)
- ④ 안감을 젖힌다
- 앞 몸판(겉)
- 0.5
- 앞 몸판 안감(겉)
- ⑤ 시접을 안감 쪽으로 넘기고 겉에서 박는다

- 안감을 원래대로 되돌린다
- 뒤 몸판 안감(안)
- 겉끼리 맞댄다
- 시접이 조금 일어선 상태가 된다
- 앞 몸판 안감(안)
- 앞 몸판 안감(안)

다음 페이지로 이어짐→

3. 어깨 프릴을 만들어서 몸판에 임시로 고정한다

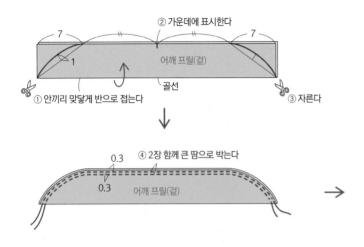

② 가운데에 표시한다

7   7

1   어깨 프릴(겉)

골선

① 안끼리 맞닿게 반으로 접는다   ③ 자른다

④ 2장 함께 큰 땀으로 박는다

0.3

0.3   어깨 프릴(겉)

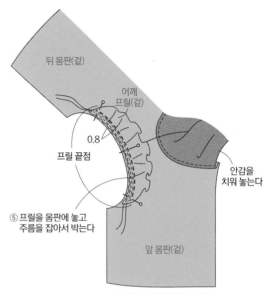

뒤 몸판(겉)

어깨 프릴(겉)

0.8

프릴 끝점

⑤ 프릴을 몸판에 놓고 주름을 잡아서 박는다

안감을 치워 놓는다

앞 몸판(겉)

❖ 반대쪽도 같은 방법으로 단다

4. 진동둘레를 박는다

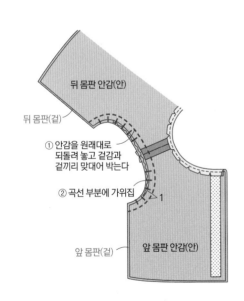

뒤 몸판 안감(안)

뒤 몸판(겉)

① 안감을 원래대로 되돌려 놓고 겉감과 겉끼리 맞대어 박는다

② 곡선 부분에 가위집

1

앞 몸판(겉)   앞 몸판 안감(안)

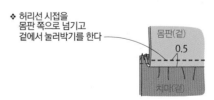

❖ 허리선 시접을 몸판 쪽으로 넘기고 겉에서 눌러박기를 한다

몸판(겉)

0.5

치마(겉)

5~9. p.71의 **5** ~p.77의 **10** 1, 2를 참조하여 몸판을 만들고 치마를 잇는다 (앞뒤가 거꾸로 되므로 주의한다)

10~11. p.88의 8, 9를 참조하여 리본을 만들어서 단다

허리에 고무줄을
넣은 원피스

허리에 고무줄 통로 만드는 법

1

각 작품의 만드는 법 페이지를 참조하여 몸판을 만듭니다. p.75 **9** 의 1~4를 참조하여 치마 허리선에 주름을 잡기 위해 큰 땀으로 박습니다. 허리에 달 고무줄 통로감을 준비합니다.

2

몸판을 거꾸로 하여 치마 안에 넣습니다. 치마와 몸판의 앞뒤가 맞았는지 확인합니다.

3

p.75 **9** 의 6~11을 참조하여 치마에 주름을 잡고, 몸판 크기에 맞춰서 주름을 조정합니다.

4

고무줄 통로감을 고리 모양으로 이어지게 박은 뒤에 아랫변을 1cm 접어서 3에 겹칩니다. 솔기를 치마·몸판의 옆선과 맞추고 윗변을 허리선에 맞춰서 시침핀으로 고정합니다.

5

윗변에서 1cm 지점을 한 바퀴 돌아가며 박습니다.

6

몸판을 끌어 올립니다.

7

고무줄 통로감을 몸판 쪽으로 접어 올리고, 윗변에서 0.2cm 지점을 한 바퀴 돌아가며 박습니다. 이때 고무줄 넣는 구멍 2cm를 남기고 박습니다.

8

7에서 남긴 고무줄 넣는 구멍으로 고무줄을 끼웁니다. 고무줄 끼우개가 없을 때는 큰 안전핀에 고무줄을 묶어서 쓰면 편리합니다.

9

고무줄 양 끝을 고무줄 넣는 구멍으로 빼서 2cm 겹쳐서 박습니다.

10

감친다

고무줄 넣는 구멍을 손바느질로 감쳐서 막습니다.

11

겉으로 뒤집습니다.

완성! 옷을 다려서 모양을 정리하여 완성합니다.

c
스탠드칼라 원피스

・
✕

PHOTO. P 12

[사용하는 옷본] ❖ 3장 필요합니다.
B면 ① 앞 몸판 ② 뒤 몸판 ③ 소매

[재료]
- **겉감** 리버티프린트(타나 론) 110cm 너비×130 ㅣ 140 ㅣ 150 ㅣ 160 ㅣ 170 ㅣ 180cm
- **안감** 흰색 론 110cm 너비×95 ㅣ 105 ㅣ 115 ㅣ 125 ㅣ 130 ㅣ 135cm
- **배색감** 노랑 면(중간 두께) 20cm×20cm
- **지름 1.2cm 꽃 모양 단추(흰색)** 4개
- **1.5cm 너비 납작 고무줄** 허리둘레+2cm
- **접착심지** 2.5cm×30cm 2장, 8cm×50cm

완성 치수
※ 단위는 cm

size	80	90	100	110	120	130
가슴둘레	65	68	71	75	79	83
등 길이	15.5	17	19	20	21	22
치마 길이	25	28	31	34	37	40

재단 배치도

★ 시접은 정해진 것 이외에는 1cm.
★ 굵은 숫자는 정해진 시접 길이(cm).
★ 원단 필요량은 size 80 ㅣ 90 ㅣ 100 ㅣ 110 ㅣ 120 ㅣ 130 순.

겉감(몸판, 치마, 옷깃, 소매, 고무줄 통로감)

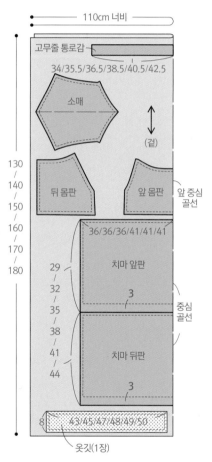

★ ▨ 는 (안)에 접착심지를 붙인다

작품에 사용한 겉감 원단은
★ 리버티프린트(타나 론)
Ed[3636005DE]

안감(몸판 안감, 치마 안감)

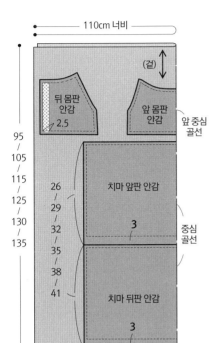

110cm 너비

(겉)

뒤 몸판
안감
2.5

앞 몸판
안감

앞 중심
골선

95
/
105
/
115
/
125
/
130
/
135

26
/
29
/
32
/
35
/
38
/
41

치마 앞판 안감

3

중심
골선

치마 뒤판 안감

3

36/36/36/41/41/41

작품에 사용한 안감 원단은 ★ 흰색 론

배색감

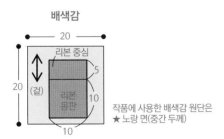

20

20

(겉)

리본 중심

리본
몸판

5

10

10

작품에 사용한 배색감 원단은
★ 노랑 면(중간 두께)

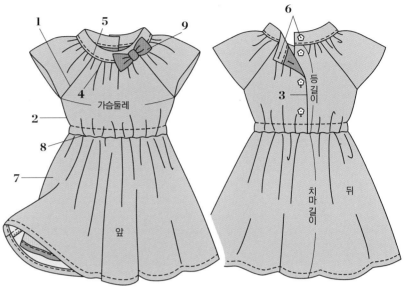

1
5
9
6

4

가슴둘레

2

8

7

앞

등길이

3

치마
길이

뒤

다음 페이지로 이어짐→

1. 몸판에 소매를 단다

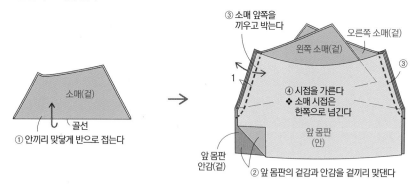

① 안끼리 맞닿게 반으로 접는다

소매(겉)

골선

③ 소매 앞쪽을 끼우고 박는다

오른쪽 소매(겉)

왼쪽 소매(겉)

③

1

④ 시접을 가른다
❖ 소매 시접은
한쪽으로 넘긴다

앞 몸판
(안)

앞 몸판
안감(겉)

② 앞 몸판의 겉감과 안감을 겉끼리 맞댄다

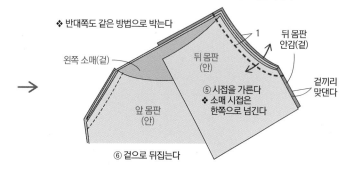

④ 뒤 몸판의 겉감과 안감을 겉끼리 맞대고,
소매 뒤쪽을 끼워서 진동둘레를 박는다

❖ 반대쪽도 같은 방법으로 박는다

왼쪽 소매(겉)

뒤 몸판
(안)

뒤 몸판
안감(겉)

1

겉끼리
맞댄다

⑤ 시접을 가른다
❖ 소매 시접은
한쪽으로 넘긴다

앞 몸판
(안)

⑥ 겉으로 뒤집는다

2. 옆선을 박는다

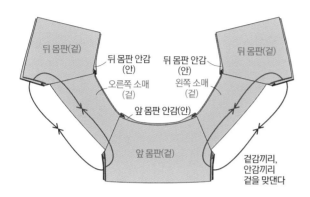

뒤 몸판(겉)

뒤 몸판 안감
(안)

뒤 몸판 안감
(안)

뒤 몸판(겉)

오른쪽 소매
(겉)

왼쪽 소매
(겉)

앞 몸판 안감(안)

앞 몸판(겉)

겉감끼리,
안감끼리
겉을 맞댄다

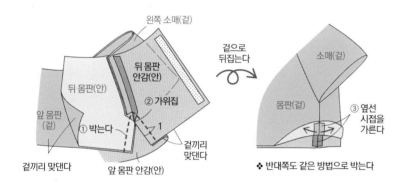

왼쪽 소매(겉)

뒤 몸판
안감(안)

뒤 몸판(안)

② 가위집

앞 몸판
(겉)

① 박는다

1

겉끼리
맞댄다

겉끼리 맞댄다

앞 몸판 안감(안)

겉으로
뒤집는다

소매(겉)

몸판(겉)

③ 옆선
시접을
가른다

❖ 반대쪽도 같은 방법으로 박는다

3. 뒤판 끝선을 박는다

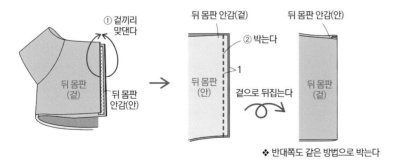

① 겉끼리
맞댄다

뒤 몸판
(겉)

뒤 몸판
안감(안)

뒤 몸판 안감(겉)

② 박는다

1

뒤 몸판
(안)

겉으로 뒤집는다

뒤 몸판 안감(안)

뒤 몸판
(겉)

❖ 반대쪽도 같은 방법으로 박는다

다음 페이지로 이어짐→

4. 목둘레에 주름을 잡기 위해 큰 땀으로 박는다

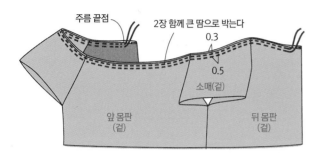

주름 끝점

2장 함께 큰 땀으로 박는다

0.3

0.5

소매(겉)

앞 몸판
(겉)

뒤 몸판
(겉)

5. 옷깃을 만들어서 단다

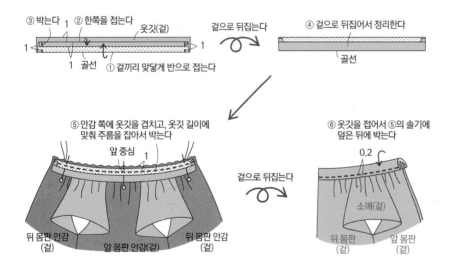

③ 박는다 ② 한쪽을 접는다

옷깃(겉)

1

1

1 골선

① 겉끼리 맞닿게 반으로 접는다

겉으로 뒤집는다

④ 겉으로 뒤집어서 정리한다

골선

⑤ 안감 쪽에 옷깃을 겹치고, 옷깃 길이에
맞춰 주름을 잡아서 박는다

앞 중심 1

뒤 몸판 안감
(겉)

앞 몸판 안감(겉)

뒤 몸판 안감
(겉)

겉으로 뒤집는다

⑥ 옷깃을 접어서 ⑤의 솔기에
덮은 뒤에 박는다

0.2

소매(겉)

뒤 몸판
(겉)

앞 몸판
(겉)

6. 단춧구멍을 만들고 단추를 단다

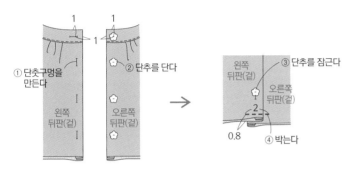

① 단춧구멍을
만든다

② 단추를 단다

왼쪽
뒤판(겉)

오른쪽
뒤판(겉)

③ 단추를 잠근다

왼쪽
뒤판(겉)

오른쪽
뒤판(겉)

0.8

④ 박는다

7. 치마를 만든다 ❖ p.75의 **9** 1~4 참조

8. 고무줄 통로감과 몸판과 치마를 잇고 고무줄을 끼운다 ❖ p.104~105 참조

9. 리본을 만들어서 단다
리본 만드는 법은 p.88의 8 참조

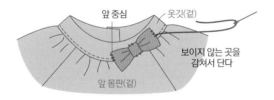

앞 중심

옷깃(겉)

보이지 않는 곳을
감쳐서 단다

앞 몸판(겉)

k
튈 치맛단을 단 5부 소매 원피스

×

PHOTO. P 36

×××××××××××××××××××××××××

[사용하는 옷본] ❖ 3장 필요합니다.
C면 ① 앞 몸판 ② 뒤 몸판 ③ 소매

[재료]
- **겉감** 리버티프린트(타나 론) 110cm 너비×115 | 125 | 135 | 145 | 155 | 165cm
- **안감** 검정 론 110cm 너비×100 | 110 | 120 | 130 | 140 | 150cm
- **배색감** 검정 튈 110cm 너비×40cm
- **지름 1.3cm 둥근 단추**(검정) 1개
- 1.5cm 너비 납작 고무줄 허리둘레+2cm

×××××××××××××××××××××××××

완성 치수
※ 단위는 cm

size	80	90	100	110	120	130
가슴둘레	59.5	62	66	70	74	78
등 너비	24	25	27	29	31	33
등 길이	17	18	19.5	20.5	21.5	22.5
치마 길이	29	32	35	38	41	44

재단 배치도

★ 시접은 정해진 것 이외에는 1cm.

★ 굵은 숫자는 정해진 시접 길이(cm).

★ 원단 필요량은 size 80 | 90 | 100 | 110 | 120 | 130 순.

겉감(몸판, 치마, 소매, 고무줄 통로감, 고릿감)

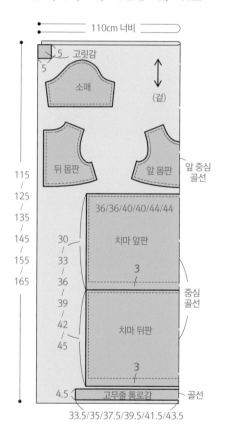

작품에 사용한 겉감 원단은
★ 리버티프린트(타나 론)
Elizabeth[3635049HE]

112

배색감(프릴)

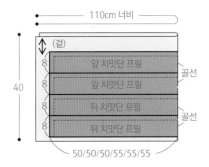

110cm 너비

(겉)

8 앞 치맛단 프릴 — 골선
8 앞 치맛단 프릴
8 뒤 치맛단 프릴 — 골선
8 뒤 치맛단 프릴

40

50/50/50/55/55/55

작품에 사용한 배색감 원단은 ★ 검정 튈

안감(몸판 안감, 치마 안감, 소매 안감)

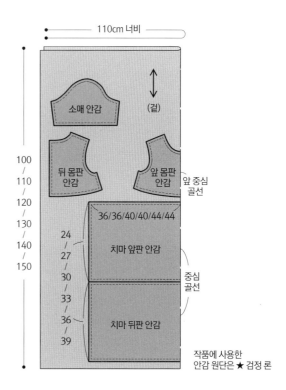

110cm 너비

소매 안감

(겉)

100
/
110
/
120
/
130
/
140
/
150

뒤 몸판
안감

앞 몸판
안감

앞 중심
골선

24
/
27
/
30
/
33
/
36
/
39

36/36/40/40/44/44

치마 앞판 안감

중심
골선

치마 뒤판 안감

작품에 사용한
안감 원단은 ★ 검정 론

만드는 순서

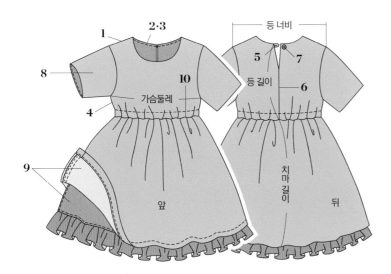

1
2·3
등 너비

8

5
7

10

등 길이
6

4
가슴둘레

9

앞
치마 길이
뒤

다음 페이지로 이어짐→

1~3. p.68의 **1** ~p.70의 **3**을 참조하여 어깨선, 목둘레를 박는다

4. 겉으로 뒤집고 p.125의 4를 참조하여 옆선을 박는다

5. 고리를 만들어서 왼쪽 뒤 몸판의 트임 입구에 단다

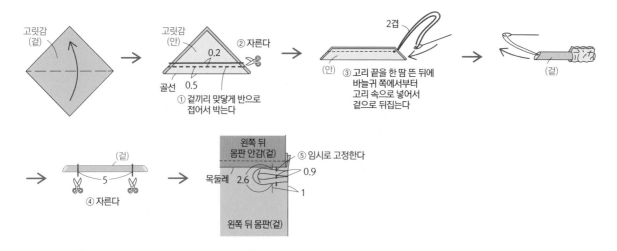

고릿감
(겉)

고릿감
(안)

0.2

② 자른다

골선   0.5

① 겉끼리 맞닿게 반으로
접어서 박는다

2겹

(안)

③ 고리 끝을 한 땀 뜬 뒤에
바늘귀 쪽에서부터
고리 속으로 넣어서
겉으로 뒤집는다

(겉)

(겉)

5

④ 자른다

왼쪽 뒤
몸판 안감(겉)

⑤ 임시로 고정한다

목둘레   2.6   0.9

1

왼쪽 뒤 몸판(겉)

6. 뒤 중심을 박고 트임 입구를 만든다

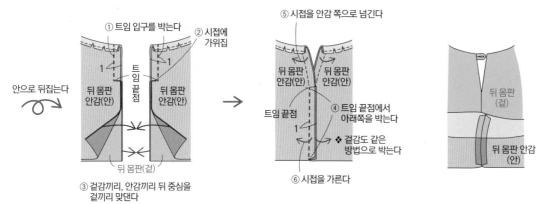

① 트임 입구를 박는다

② 시접에
가위집

안으로 뒤집는다

1   트임끝점   1

뒤 몸판
안감(안)

뒤 몸판
안감(안)

뒤 몸판(겉)

③ 겉감끼리, 안감끼리 뒤 중심을
겉끼리 맞댄다

⑤ 시접을 안감 쪽으로 넘긴다

뒤 몸판
안감(안)

뒤 몸판
안감(안)

트임 끝점

1

④ 트임 끝점에서
아래쪽을 박는다

❖ 겉감도 같은
방법으로 박는다

⑥ 시접을 가른다

뒤 몸판
(겉)

뒤 몸판 안감
(안)

7. 단추를 단다

단추

뒤 몸판
(겉)

8.소매를 만들어서 단다

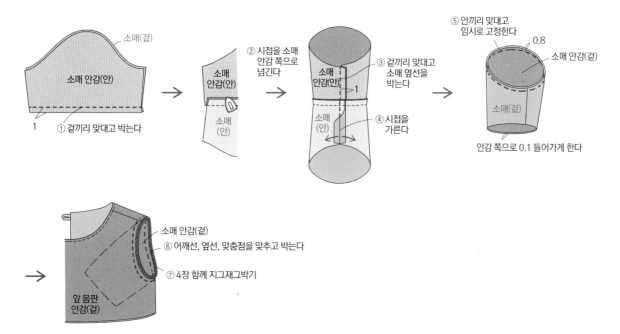

소매(겉)

소매 안감(안)

① 겉끼리 맞대고 박는다

1

② 시접을 소매 안감 쪽으로 넘긴다

소매 안감(안)

소매 (안)

③ 겉끼리 맞대고 소매 옆선을 박는다

소매 안감(안)

소매 (안)

1

④ 시접을 가른다

⑤ 안끼리 맞대고 임시로 고정한다

0.8

소매 안감(겉)

소매(겉)

안감 쪽으로 0.1 들어가게 한다

소매 안감(겉)

⑥ 어깨선, 옆선, 맞춤점을 맞추고 박는다

⑦ 4장 함께 지그재그박기

앞 몸판 안감(겉)

9. p.145의 1~3을 참조하여 치마를 만들고 프릴을 단다

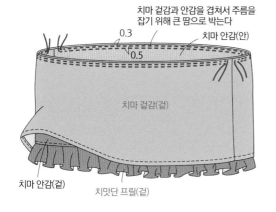

치마 겉감과 안감을 겹쳐서 주름을 잡기 위해 큰 땀으로 박는다

0.3

0.5

치마 안감(안)

치마 겉감(겉)

치마 안감(겉)

치맛단 프릴(겉)

안으로 뒤집는다

10. p.104를 참조하여 고무줄 통로감과 함께 몸판과 치마를 잇고 고무줄을 끼운다

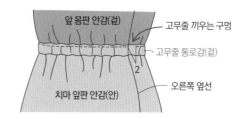

앞 몸판 안감(겉)

고무줄 끼우는 구멍

고무줄 통로감(겉)

2

오른쪽 옆선

치마 앞판 안감(안)

n
접주름깃 코듀로이 원피스

×

PHOTO. P 43

[사용하는 옷본] ❖ 3장 필요합니다.
C면 ① 앞 몸판 ② 뒤 몸판 ③ 소매

[재료]
- **겉감** 보라 코듀로이 110cm 너비×85 | 85 | 90 | 100 | 105 | 110cm
- **안감** 검정 론 110cm 너비×60 | 65 | 70 | 75 | 80 | 85cm
- **배색감** 리버티프린트(타나 론) 110cm 너비×25cm
- **지름 1.3cm 둥근 단추**(검정) 1개
- **1.5cm 너비 납작 고무줄** 허리둘레+2cm
- **1.2cm 너비 벨벳 리본**(검정) 11cm

완성 치수
※ 단위는 cm

size	80	90	100	110	120	130
가슴둘레	59.5	62	66	70	74	78
등 너비	24	25	27	29	31	33
등 길이	17	18	19.5	20.5	21.5	22.5
치마 길이	26	29	32	35	38	41

재단 배치도

★ 시접은 정해진 것 이외에는 1cm.
★ 굵은 숫자는 정해진 시접 길이(cm).
★ 원단 필요량은 size 80 | 90 | 100 | 110 | 120 | 130 순.

겉감(몸판, 치마, 옷깃, 소매)

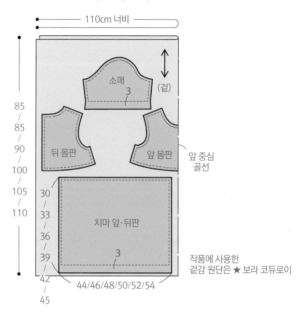

안감(몸판 안감, 치마 안감)

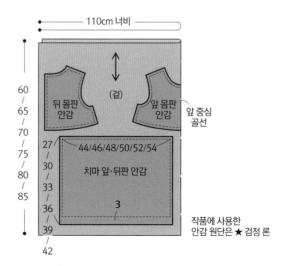

배색감(옷깃, 고무줄 통로감, 고릿감)

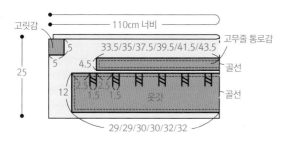

고릿감

110cm 너비

고무줄 통로감

골선

골선

옷깃

5

5

4.5

12

2.5 2.5
1.5 1.5

33.5/35/37.5/39.5/41.5/43.5

25

29/29/30/30/32/32

작품에 사용한 배색감 원단은
★ 리버티프린트(타나 론)
Edenham[3637071LE]

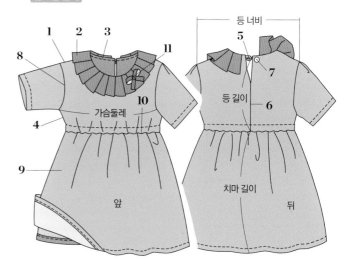

만드는 순서

등 너비

등 길이

치마 길이

가슴둘레

앞

뒤

1 2 3
8
5
11
7
10
4
6
9

만드는 법

1. 어깨선을 박는다

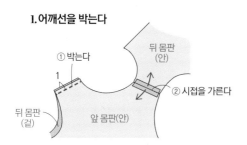

① 박는다

1

뒤 몸판
(안)

② 시접을 가른다

뒤 몸판
(겉)

앞 몸판(안)

2. 옷깃을 만들어서 단다

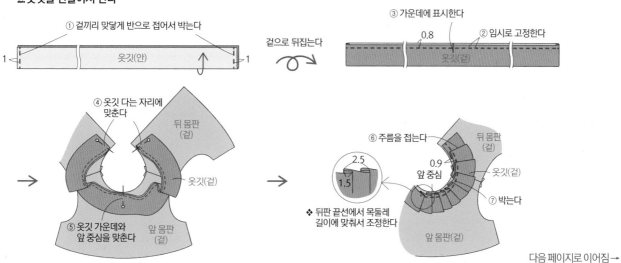

① 겉끼리 맞닿게 반으로 접어서 박는다

1

옷깃(안)

1

겉으로 뒤집는다

③ 가운데에 표시한다

0.8

② 임시로 고정한다

옷깃(겉)

④ 옷깃 다는 자리에
맞춘다

뒤 몸판
(겉)

옷깃(겉)

⑤ 옷깃 가운데와
앞 중심을 맞춘다

앞 몸판
(겉)

⑥ 주름을 접는다

뒤 몸판
(겉)

2.5

1.5

0.9

앞 중심

옷깃(겉)

⑦ 박는다

❖ 뒤판 끝선에서 목둘레
길이에 맞춰서 조정한다

앞 몸판(겉)

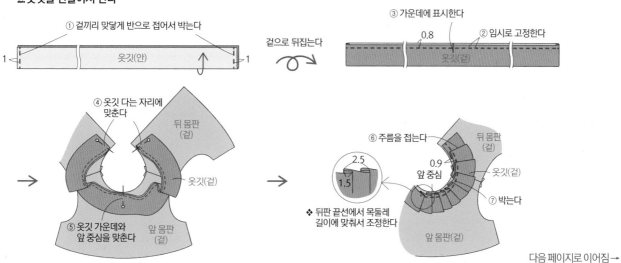

다음 페이지로 이어짐→

3. p.69의 2 ~p.70의 3 을 참조하여 목둘레를 박고 눌러박기를 한다

4. 겉으로 뒤집어서 옆선을 박는다

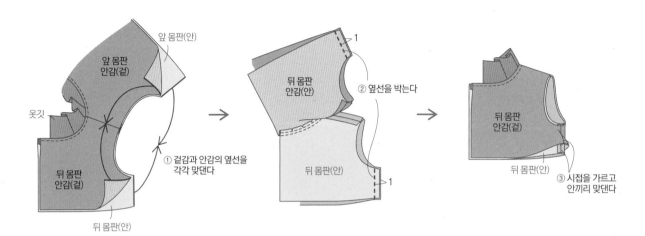

앞 몸판(안)

앞 몸판
안감(겉)

옷깃

뒤 몸판
안감(겉)

① 겉감과 안감의 옆선을
각각 맞댄다

뒤 몸판(안)

1

뒤 몸판
안감(안)

② 옆선을 박는다

뒤 몸판(안)

1

뒤 몸판
안감(겉)

뒤 몸판(안)

③ 시접을 가르고
안끼리 맞댄다

5-7. p.114의 5~7을 참조하여 트임 입구와 뒤 중심을 박고 단추를 단다

고리

단추를 단다

왼쪽
뒤판(겉)

오른쪽
뒤판(겉)

뒤 몸판 안감(안)

8.소매를 만들어서 단다

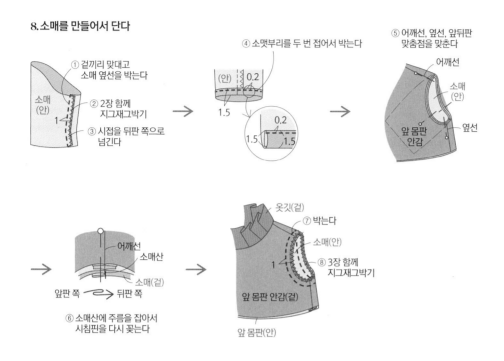

① 겉끼리 맞대고 소매 옆선을 박는다
② 2장 함께 지그재그박기
③ 시접을 뒤판 쪽으로 넘긴다

소매(안)

④ 소맷부리를 두 번 접어서 박는다

(안) 0.2
1.5
0.2
1.5 1.5

⑤ 어깨선, 옆선, 앞뒤판 맞춤점을 맞춘다

어깨선
소매(안)
앞 몸판 안감
옆선

어깨선
소매산
소매(겉)

앞판 쪽 뒤판 쪽

⑥ 소매산에 주름을 잡아서 시침핀을 다시 꽂는다

옷깃(겉)
⑦ 박는다
소매(안)
⑧ 3장 함께 지그재그박기
1
앞 몸판 안감(겉)
앞 몸판(안)

9.치마를 만든다 ❖ p.75의 9 1~4 참조
10.고무줄 통로감과 몸판과 치마를 잇고 고무줄을 끼운다 ❖ p.104 참조
11.리본을 만들어서 옷깃에 단다

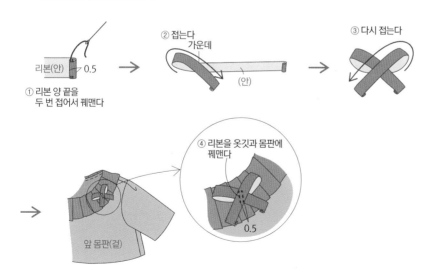

리본(안) 0.5
① 리본 양 끝을 두 번 접어서 꿰맨다

② 접는다
가운데
(안)

③ 다시 접는다

④ 리본을 옷깃과 몸판에 꿰맨다
0.5

앞 몸판(겉)

o

고무줄 허리 원피스

•
×

PHOTO. P 44

[사용하는 옷본] ❖ 2장 필요합니다.
A면 ① 앞 몸판 ② 뒤 몸판

[재료]
- **겉감** 리버티프린트(타나 론) 110cm 너비×110 | 115 | 120 | 130 | 140 | 145cm
- **안감** 분홍 론 110cm 너비×100 | 105 | 110 | 120 | 130 | 135cm
- **지름 1.2cm 꽃 모양 단추(흰색)** 3개
- **1.5cm 너비 납작 고무줄** 52 | 54 | 56 | 60 | 64 | 68cm
- **접착심지** 2.5cm×40cm 2장

완성 치수 ※ 단위는 cm

size	80	90	100	110	120	130
가슴둘레	69	77.5	78	82	86	90
등 길이	13	15	15	16	17	18
치마 길이	31	34	37	40	43	46

재단 배치도

- ★ 시접은 정해진 것 이외에는 1cm.
- ★ 굵은 숫자는 정해진 시접 길이(cm).
- ★ 원단 필요량은 size 80 | 90 | 100 | 110 | 120 | 130 순.

겉감(몸판, 치마, 고무줄 통로감)

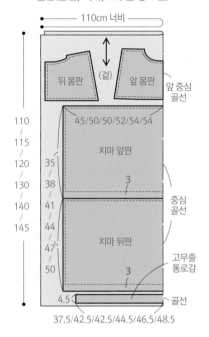

작품에 사용한 겉감 원단은
★ 리버티프린트(타나 론)
Meadow Melody[3638111A]

안감(몸판 안감, 치마 안감)

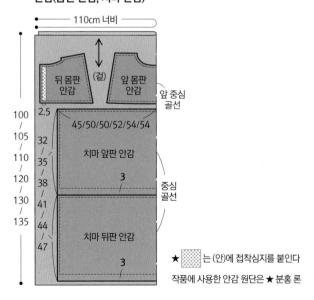

★ ▨는 (안)에 접착심지를 붙인다

작품에 사용한 안감 원단은 ★ 분홍 론

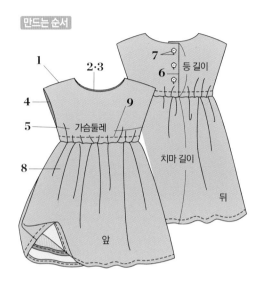

1
2·3
4
5
8
9
가슴둘레
앞

7
6 ｝ 등 길이
치마 길이
뒤

1-3. p.68의 **1**~p.70의 **3**을 참조하여 어깨선, 목둘레를 박는다

4. 진동둘레를 박고 겉으로 뒤집는다

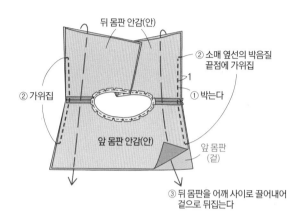

뒤 몸판 안감(안)

② 소매 옆선의 박음질
끝점에 가위집

1

② 가위집

① 박는다

앞 몸판 안감(안)

앞 몸판
(겉)

③ 뒤 몸판을 어깨 사이로 끌어내어
겉으로 뒤집는다

5. 옆선을 박는다

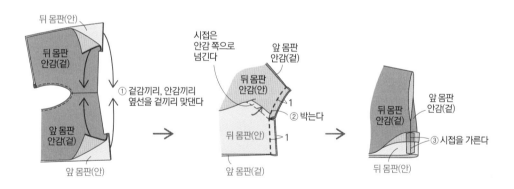

뒤 몸판(안)

뒤 몸판
안감(겉)

앞 몸판
안감(겉)

앞 몸판(안)

① 겉감끼리, 안감끼리
옆선을 겉끼리 맞댄다

시접은
안감 쪽으로
넘긴다

앞 몸판
안감(겉)

뒤 몸판
안감(안)

② 박는다

1

뒤 몸판(안)

1

앞 몸판(겉)

앞 몸판
안감(겉)

뒤 몸판
안감(겉)

③ 시접을 가른다

뒤 몸판(안)

6~8. p.72의 **7**~p.75의 **9** 1~4를 참조하여 몸판을 마무리하고 치마를 만든다
9. p.104를 참조하여 고무줄 통로감과 몸판·치마를 잇고 고무줄을 끼운다

옷깃·소매를 단 원피스

바지

b
둥근 깃 원피스

·
×

PHOTO. P 10

[사용하는 옷본] ❖ 4장 필요합니다.

A면 ① 앞 몸판 ② 뒤 몸판 ③ 소매 ④ 옷깃

[재료]

● **겉감** 물방울무늬 면(중간 두께) 110cm 너비×105 │
115 │ 125 │ 135 │ 145 │ 155cm

● **안감** 흰색 론 110cm 너비×90 │ 95 │ 105 │ 110 │ 120 │
125cm

● **배색감** 남색 면(중간 두께) 110cm 너비×35cm

● **지름 1.2cm 꽃 모양 단추** 흰색 3개

● **접착심지** 2.5cm×30cm 2장, 35cm×50cm

완성 치수
※ 단위는 cm

size	80	90	100	110	120	130
가슴둘레	60	62	66.5	70.5	74.5	78.5
등 너비	20.5	23	25	27	29	31
등 길이	14	15	17	18	19	20
치마 길이	28	31	34	37	40	43

재단 배치도

★ 시접은 정해진 것 이외에는 1cm.

★ 굵은 숫자는 정해진 시접 길이(cm).

★ 원단 필요량은 size 80 │ 90 │ 100 │ 110 │ 120 │ 130 순.

겉감(몸판, 치마, 소매)

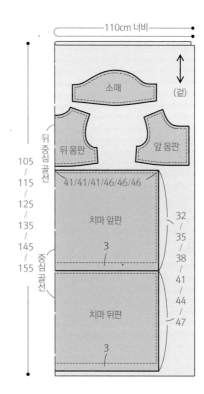

소매

뒤 중심 골선
뒤 몸판   앞 몸판

41/41/41/46/46/46

105 / 115 / 125 / 135 / 145 / 155

치마 앞판
3

32 / 35 / 38 / 41 / 44 / 47

중심 골선

치마 뒤판
3

110cm 너비

(겉)

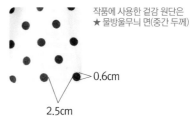

작품에 사용한 겉감 원단은
★ 물방울무늬 면(중간 두께)

0.6cm

2.5cm

다음 페이지로 이어짐→

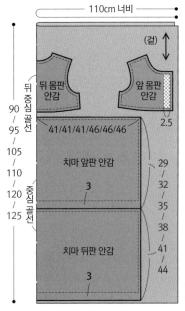

안감(몸판 안감, 치마 안감)

110cm 너비

(겉)

뒤 중심 골선

뒤 몸판 안감

앞 몸판 안감

90 / 95 / 105 / 110 / 120 / 125

중심 골선

41/41/41/46/46/46

2.5

치마 앞판 안감

3

29 / 32 / 35 / 38 / 41 / 44

치마 뒤판 안감

3

작품에 사용한 안감 원단은
★ 흰색 론

★ ▨ 는 (안)에 접착심지를 붙인다

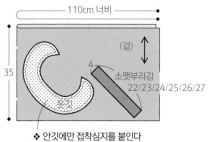

배색감(옷깃, 소맷부리감)

110cm 너비

(겉)

35

옷깃

4
소맷부리감
22/23/24/25/26/27

❖ 안깃에만 접착심지를 붙인다

작품에 사용한 배색감 원단은 ★ 남색 면(중간 두께)

만드는 순서

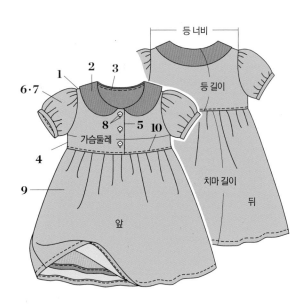

등 너비

6·7

1 2 3

8 5 10

가슴둘레

4

9

앞

등 길이

치마 길이

뒤

124

1. 어깨선을 박는다

❖ 안감도 같은 방법으로 박는다

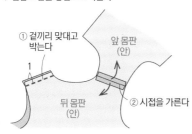

① 겉끼리 맞대고 박는다

뒤 몸판
(안)

앞 몸판
(안)

② 시접을 가른다

1

2. 옷깃을 만들어서 임시로 고정한다

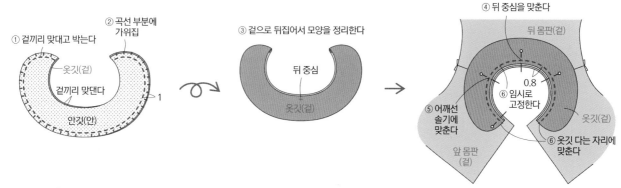

① 겉끼리 맞대고 박는다

② 곡선 부분에 가위집

옷깃(겉)

겉끼리 맞댄다

안깃(안)

1

③ 겉으로 뒤집어서 모양을 정리한다

뒤 중심

옷깃(겉)

④ 뒤 중심을 맞춘다

뒤 몸판(겉)

⑤ 어깨선 솔기에 맞춘다

0.8
⑥ 임시로 고정한다

⑥ 옷깃 다는 자리에 맞춘다

옷깃(겉)

앞 몸판
(겉)

3. p.69를 참조하여 목둘레를 박고 눌러박기를 한다

4. 겉으로 뒤집어서 옆선을 박는다

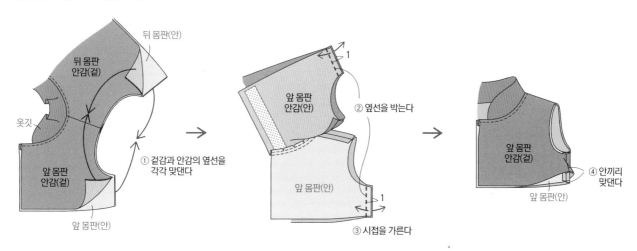

뒤 몸판(안)

뒤 몸판
안감(겉)

옷깃

앞 몸판
안감(겉)

① 겉감과 안감의 옆선을 각각 맞댄다

앞 몸판(안)

앞 몸판
안감(안)

② 옆선을 박는다

1

③ 시접을 가른다

1

앞 몸판(안)

앞 몸판
안감(겉)

④ 안끼리 맞댄다

앞 몸판(안)

다음 페이지로 이어짐→

5. 앞판 끝선을 박는다

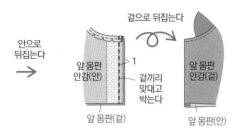

안으로
뒤집는다

겉으로 뒤집는다

앞 몸판
안감(안)

1

겉끼리
맞대고
박는다

앞 몸판(겉)

앞 몸판
안감(겉)

앞 몸판(안)

6. 소매를 만든다

〈소매〉

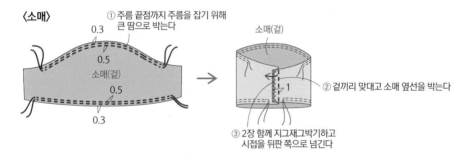

① 주름 끝점까지 주름을 잡기 위해
큰 땀으로 박는다

0.3

0.5

소매(겉)

0.5

0.3

소매(겉)

② 겉끼리 맞대고 소매 옆선을 박는다

1

③ 2장 함께 지그재그박기하고
시접을 뒤판 쪽으로 넘긴다

〈소맷부리감〉

① 겉끼리 맞대고 박는다

골선

1

소맷부리감(안)

② 시접을 가른다

골선

③ 안끼리 맞닿게 반으로
접어서 접은 금을 낸다

소맷부리감
(겉)

★ 소매 옆선

④ 편다

소맷부리감
(겉)

〈소매와 소맷부리감 잇기〉

① 소매와 소맷부리감을 겉끼리 맞닿게 겹친다.
소매 옆선 솔기를 맞추고 소맷부리감 길이에
맞춰서 주름을 잡는다

소매
(안)

② 박는다

1

소맷부리감(안)

★ 소매 옆선

소매(안)

소맷부리감(겉)

1

③ 접는다

1

1

④ 감친다

겉으로
뒤집는다

소매
(겉)

❖ 반대쪽도 같은 방법으로 만든다

7. 소매를 단다

① 어깨선과 옆선을 맞추고 고정한다

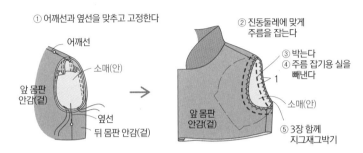

어깨선
소매(안)
앞 몸판
안감(겉)
옆선
뒤 몸판 안감(겉)

② 진동둘레에 맞게
주름을 잡는다

③ 박는다
④ 주름 잡기용 실을
빼낸다

앞 몸판
안감(겉)
소매(안)

⑤ 3장 함께
지그재그박기

1

8~10. p.73의 **8** ~p.77의 **10** 1, 2를 참조하여 몸판을 마무리하고 치마를 잇는다
(몸판의 앞뒤가 거꾸로 되므로 주의한다)

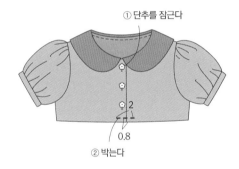

① 단추를 잠근다

2

0.8

② 박는다

e
체크무늬 주름 원피스

•
×

PHOTO. P 18

[사용하는 옷본] ❖ 3장 필요합니다.
A면 ① 앞 몸판 ② 뒤 몸판 ③ 소매

[재료]
● **겉감** 깅엄체크 면(중간 두께) 110cm 너비×110 | 120 | 130 | 140 | 150 | 160cm
● **안감** 검정 론 110cm 너비×90 | 95 | 105 | 110 | 115 | 120cm
● **지름 1.2cm 꽃 모양 단추(흰색)** 3개
● **2cm 너비 꽃 모티프 브레이드** 70cm
● **접착심지** 2.5cm×30cm 2장

완성 치수

※ 단위는 cm

size	80	90	100	110	120	130
가슴둘레	60	62	66.5	70.5	74.5	78.5
등 너비	22	25	27	29	31	33
등 길이	14	15	17	18	19	20
치마 길이	28	31	34	37	40	43

재단 배치도

★ 시접은 정해진 것 이외에는 1cm.
★ 굵은 숫자는 정해진 시접 길이(cm).
★ 원단 필요량은 size 80 | 90 | 100 | 110 | 120 | 130 순.

겉감(몸판, 치마, 소매)

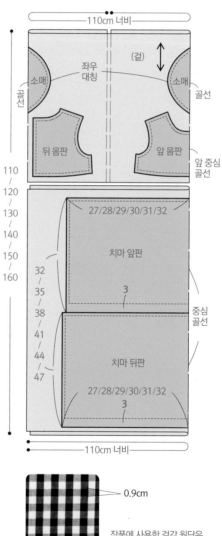

0.9cm

작품에 사용한 겉감 원단은
★ 깅엄체크 면 (중간 두께)

안감(몸판 안감, 치마 안감)

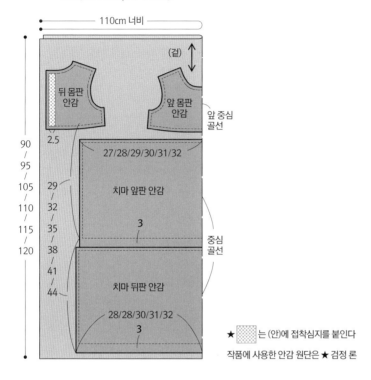

110cm 너비

(겉)

뒤 몸판
안감

앞 몸판
안감

앞 중심
골선

2.5

90
/
95
/
105
/
110
/
115
/
120

29
/
32
/
35
/
38
/
41
/
44

27/28/29/30/31/32

치마 앞판 안감

3

중심
골선

치마 뒤판 안감

28/28/30/31/32

3

★ 는 (안)에 접착심지를 붙인다

작품에 사용한 안감 원단은 ★ 검정 론

만드는 순서

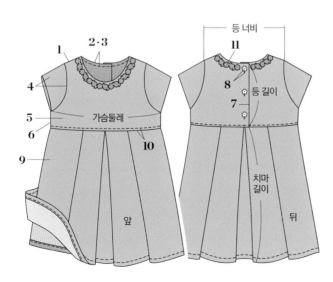

등 너비

2·3

1

11

4

8

5

7

등 길이

가슴둘레

6

10

9

앞

치마
길이

뒤

다음 페이지로 이어짐→

만드는 법

1~3. p.68의 **1**~p.70의 **3**을 참조하여 어깨선, 목둘레를 박는다

4. 소매를 임시로 고정하고 진동둘레를 박는다

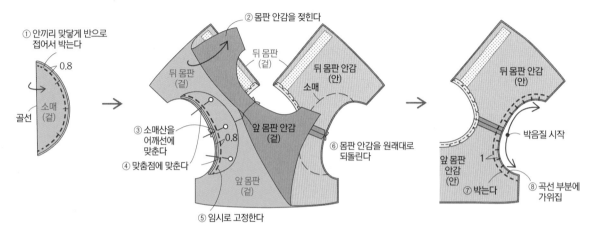

① 안끼리 맞닿게 반으로 접어서 박는다

0.8

소매 (겉)

골선

② 몸판 안감을 젖힌다

뒤 몸판 (겉)

뒤 몸판 (겉)

뒤 몸판 안감 (안)

소매

③ 소매산을 어깨선에 맞춘다

④ 맞춤점에 맞춘다

0.8

앞 몸판 안감 (겉)

앞 몸판 (겉)

⑤ 임시로 고정한다

⑥ 몸판 안감을 원래대로 되돌린다

뒤 몸판 안감 (안)

박음질 시작

앞 몸판 안감 (안)

1

⑦ 박는다

⑧ 곡선 부분에 가위집

5~8. p.71의 **5**~p.73의 **8**을 참조하여 몸판을 마무리한다

9. 치마를 만든다

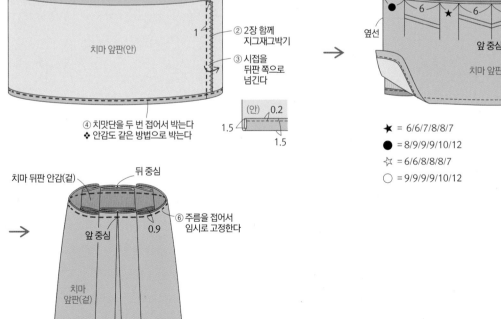

치마 뒤판(겉)

치마 앞판(안)

1

① 겉감을 겉끼리 맞대고 박는다

② 2장 함께 지그재그박기

③ 시접을 뒤판 쪽으로 넘긴다

④ 치맛단을 두 번 접어서 박는다
❖ 안감도 같은 방법으로 박는다

(안) 0.2

1.5

1.5

치마 뒤판 안감(겉)

뒤 중심

앞 중심

0.9

⑥ 주름을 접어서 임시로 고정한다

치마 앞판(겉)

⑤ 겉감과 안감을 안끼리 맞대고 주름 표시를 한다

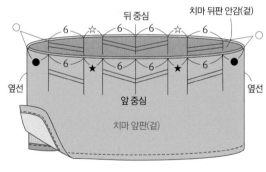

뒤 중심

치마 뒤판 안감(겉)

6 ☆ 6 6 ☆ 6

6 ★ 6 6 ★ 6

앞 중심

옆선

옆선

치마 앞판(겉)

★ = 6/6/7/8/8/7
● = 8/9/9/9/10/12
☆ = 6/6/8/8/8/7
○ = 9/9/9/9/10/12

10. 치마와 몸판을 잇는다

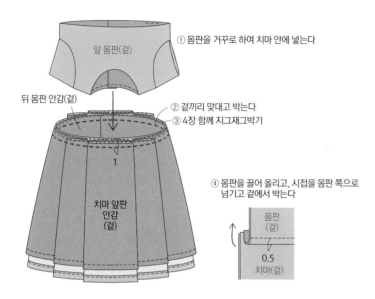

앞 몸판(겉)

① 몸판을 거꾸로 하여 치마 안에 넣는다

뒤 몸판 안감(겉)

② 겉끼리 맞대고 박는다
③ 4장 함께 지그재그박기

1

치마 앞판
안감
(겉)

④ 몸판을 끌어 올리고, 시접을 몸판 쪽으로
넘기고 겉에서 박는다

몸판
(겉)

0.5
치마(겉)

11. 목둘레에 브레이드를 단다

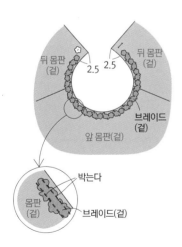

뒤 몸판
(겉)

2.5 2.5

뒤 몸판
(겉)

브레이드
(겉)

앞 몸판(겉)

박는다

몸판
(겉)

브레이드(겉)

f
서머 원피스

•
×

PHOTO. P 20

× ×

[사용하는 옷본] ❖ 3장 필요합니다.
B면 ① 앞 몸판 ② 뒤 몸판 ③ 옷깃

[재료]
● **겉감** 리버티프린트(타나 론) 110cm 너비×115 | 125 |
135 | 145 | 155 | 165cm
● **안감** 흰색 론 110cm 너비×85 | 90 | 95 | 100 | 105 |
115cm
● **배색감** 흰색 면 트윌 70cm×30cm
● **지름 1.2cm 꽃 모양 단추(흰색)** 3개
● **접착심지** 2.5cm×30cm 2장, 70cm×30cm

× ×

완성 치수
※ 단위는 cm

size	80	90	100	110	120	130
가슴둘레	60	62	66.5	70.5	74.5	78.5
등 너비	23.5	26.5	28	30	32	34
등 길이	14	15	17.5	18.5	19.5	20.5
치마 길이	28	31	34	37	40	43

재단 배치도

★ 시접은 정해진 것 이외에는 1cm.
★ 굵은 숫자는 정해진 시접 길이(cm).
★ 원단 필요량은 size 80 | 90 | 100 | 110 | 120 | 130 순.

겉감(몸판, 치마)**(몸판 안감)**

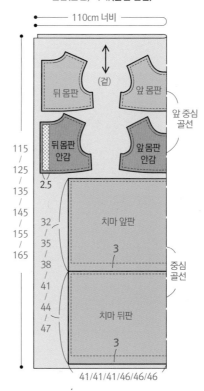

110cm 너비

(겉)

뒤 몸판   앞 몸판

뒤 몸판 안감   앞 몸판 안감   앞 중심 골선

115
/
125
/
135
/
145
/
155
/
165

2.5

32
35
38

41

44

47

치마 앞판

3

치마 뒤판

3

중심 골선

41/41/41/46/46/46

작품에 사용한 겉감 원단은
★ 리버티프린트(타나 론)
Glenjade[3639015IE]

배색감(옷깃)

70

(겉)
옷깃   골선

30

작품에 사용한 배색감 원단은
★ 흰색 면 트윌

안감(안깃, 치마 안감)

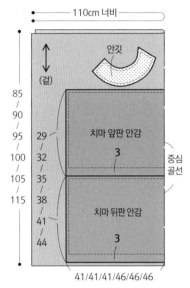

안깃

110cm 너비

(겉)

치마 앞판 안감
3

치마 뒤판 안감
3

중심
골선

85
90
95 29
100 32
105 35
115 38
41
44

41/41/41/46/46/46

★ ▨ 는 (안)에 접착심지를 붙인다

작품에 사용한 안감 원단은 ★ 흰색 론

만드는 순서

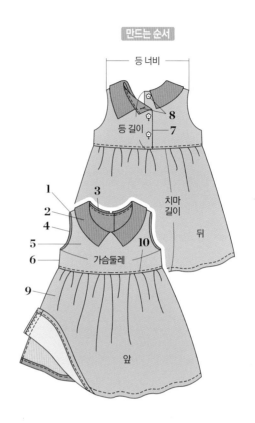

등 너비

등 길이

치마
길이

뒤

1
2
4
5
6

3

10

가슴둘레

9

앞

8
7

만드는 법

1. 어깨선을 박는다 ❖ 안감도 같은 방법으로 박는다

① 겉끼리 맞대고
박는다

뒤 몸판(겉)

뒤 몸판(안)

1

앞 몸판(안)

② 시접을 가른다

2. 옷깃을 만들어서 몸판에 임시로 고정한다

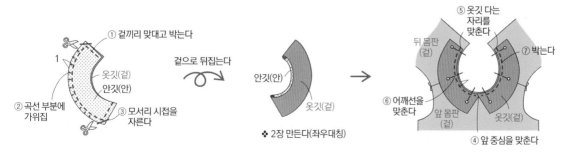

① 겉끼리 맞대고 박는다

1

옷깃(겉)
안깃(안)

② 곡선 부분에
가위집

③ 모서리 시접을
자른다

겉으로 뒤집는다

안깃(안)

옷깃(겉)

❖ 2장 만든다(좌우대칭)

⑤ 옷깃 다는
자리를
맞춘다

뒤 몸판
(겉)

⑦ 박는다

⑥ 어깨선을
맞춘다

앞 몸판
(겉)

옷깃(겉)

④ 앞 중심을 맞춘다

3-10. p.69의 2 ~p.77과 같은 방법으로 박는다

m
퍼프소매 원피스
•
×

PHOTO. P 41

[사용하는 옷본] ❖ 3장 필요합니다.
A면 ① 앞 몸판 ② 뒤 몸판 ③ 소매

[재료]
- **겉감** 리버티프린트(타나 론) 110cm 너비 × 135 | 145 | 155 | 165 | 175 | 185cm
- **안감** 베이지론 110cm 너비 × 70 | 70 | 80 | 80 | 90 | 100cm
- **배색감** 남색 면(중간 두께) 20cm × 20cm
- **지름 1.2cm 꽃 모양 단추**(흰색) 3개
- **접착심지** 2.5cm × 40cm 2장

완성 치수
※ 단위는 cm

size	80	90	100	110	120	130
가슴둘레	60	62	66.5	70.5	74.5	78.5
등 너비	22	25	27	29	31	33
등 길이	14	15	17	18	19	20
치마 길이	28	31	34	37	40	43

재단 배치도
- ★ 시접은 정해진 것 이외에는 1cm.
- ★ 굵은 숫자는 정해진 시접 길이(cm).
- ★ 원단 필요량은 size 80 | 90 | 100 | 110 | 120 | 130 순.

겉감(몸판, 치마, 소맷부리감)(몸판 안감)

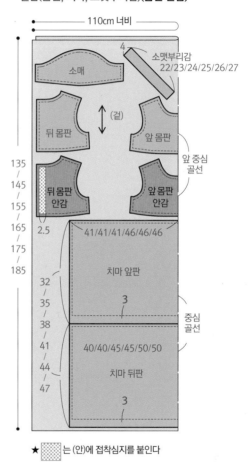

★ ▨ 는 (안)에 접착심지를 붙인다

작품에 사용한 겉감 원단은
★ 리버티프린트(타나 론)
Maroly[5491108XE]

안감(치마 안감)

배색감(리본)

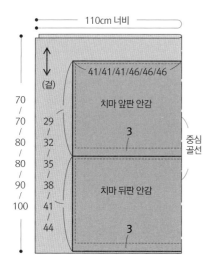

110cm 너비

(겉)

41/41/41/46/46/46

치마 앞판 안감

3

중심
골선

70
/
70
/
80
/
80
/
90
/
100

29
/
32
/
35
/
38
/
41
/
44

치마 뒤판 안감

3

작품에 사용한 안감은 원단은 ★ 베이지 론

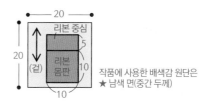

20

리본 중심

5

(겉)

20

리본
몸판

10

10

작품에 사용한 배색감 원단은
★ 남색 면(중간 두께)

만드는 순서

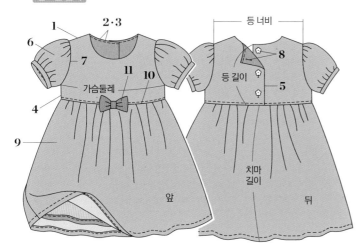

1

2·3

6

7

11

10

가슴둘레

4

9

앞

등 너비

8

등 길이

5

치마
길이

뒤

만드는 법

1-3. p.68의 **1** ~p.70의 **3** 을 참조하여 어깨선과 목둘레를 박는다

4-7. p.125의 4~7과 같은 방법으로 옆선, 소매를 박는다

8-10. p.73의 **8** ~p.77의 **10** 1, 2를 참조하여 몸판을 마무리하고 치마를 단다

11. p.88의 8~9를 참조하여 리본을 만들어서 단다

h
반바지
·
×

PHOTO. P 27

[사용하는 옷본] ❖ 4장 필요합니다.
C면 ① 바지 앞판 겉감 ② 바지 앞판 안감 ③ 바지 뒤판
④ 주머닛감

[재료]
● **겉감** 깅엄체크 면(중간 두께) 110cm 너비×45 | 50 | 70 |
  85 | 90 | 100cm
● **안감** 남색 론 110cm 너비×40 | 45 | 65 | 75 | 80 |
  90cm
● **배색감** 남색 면(중간 두께) 110cm 너비×20 | 25 | 30 |
  30 | 30 | 30cm
● **1.5cm 너비 납작 고무줄** 22.5 | 21 | 21 | 21.5 | 23 |
  25.5cm
● **접착심지** 10cm×40cm

완성 치수
※ 단위는 cm

size	80	90	100	110	120	130
바지 길이	29	33	35	39	42.5	46.5

0.7cm

작품에 사용한 겉감 원단은
★ 깅엄체크 면(중간 두께)

[재단 배치도]
★ 시접은 정해진 것 이외에는 1cm.
★ 굵은 숫자는 정해진 시접 길이(cm).
★ 원단 필요량은 size 80 | 90 | 100 | 110 | 120 | 130 순.

겉감(바지, 바짓단감)

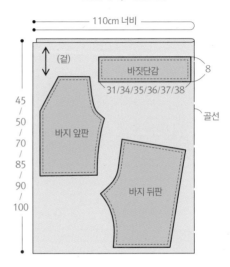

110cm 너비

(겉)

바짓단감
31/34/35/36/37/38

8

골선

바지 앞판

바지 뒤판

45
/
50
/
70
/
85
/
90
/
100

안감(바지 안감)

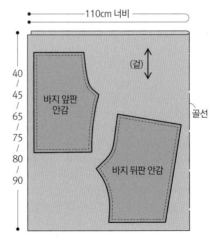

110cm 너비

(겉)

바지 앞판
안감

바지 뒤판 안감

골선

40
/
45
/
65
/
75
/
80
/
90

작품에 사용한 안감 원단은 ★ 남색 론

배색감(허릿단)

size 80·90

← 110cm 너비 →

(겉)

골선

20 / 25

10 | 앞 허릿단 | 26.5/30 | 뒤 허릿단 | 34.5/40 | 주머닛감

size 100~130

← 110cm 너비 →

(겉)

골선

30

10 | 앞 허릿단 | 32/33.5/35/36.5

10 | 뒤 허릿단

42/43.5/45/46.5

주머닛감

★ [빗금] 는 (안)에 접착심지를 붙인다

작품에 사용한 배색감 원단은 ★ 남색 면(중간 두께)

만드는 순서

4
7
2
1
3
바지 길이
5
앞
6
뒤

[재료]
● 깅엄체크 면(중간 두께) 20cm×20cm
● 기성품 티셔츠 1벌

p.88의 8을 참조하여 리본을 만들어서 기성품 티셔츠에 달아 준다

리본

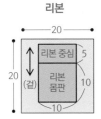

← 20 →

20

(겉)

리본 중심 | 5
리본 몸판 | 10
10

작품에 사용한 리본 원단은
★ 깅엄체크 면(중간 두께)

❖ 바지와 같은 원단으로 만들 때는
바지 겉감을 재단하고 남은 부분을 이용한다

보이지
않는 곳을
감쳐서 단다

다음 페이지로 이어짐→

바지 만드는 법

1

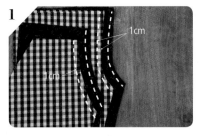

바지 앞판과 바지 뒤판 2장씩을 겉감끼리, 안감 끼리 겉끼리 맞대고 겹쳐서 시접 1cm로 밑위를 박습니다.

2

1을 벌려서 시접을 같은 방향으로 넘기고 겉에 서 눌러박기를 합니다.

3

바지 앞·뒤판의 겉감·안감을 각각 **2**와 같은 방 법으로 처리합니다.

4

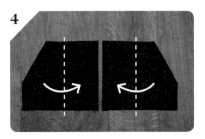

주머닛감을 겉끼리 맞닿게 반으로 접습니다.

5

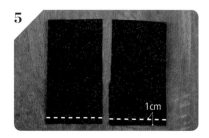

아랫변에서 1cm 지점을 박습니다.

6

바지 앞판 겉감의 겉을 위로 오게 놓고, 주머닛 감을 바지와 겉끼리 맞대고 사선 쪽을 맞춥니다.

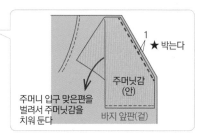

1 ★박는다

주머닛감 (안)

주머니 입구 맞은편을 벌려서 주머닛감을 치워 둔다

바지 앞판(겉)

7

시접 1cm 지점을 박아서 잇습니다. 반대쪽도 같은 방법으로 박습니다.

8

주머닛감을 젖히고, 시접을 주머닛감 쪽으로 넘긴 뒤에 겉에서 눌러박기를 합니다.

9

주머닛감을 안쪽으로 넘기고 모양이 어긋나지 않도록 시침핀으로 고정합니다.

10

바지 앞판과 뒤판을 겉감끼리, 안감끼리 각각 겉끼리 맞대고 시접 1cm로 옆선과 밑아래를 박습니다.

11

겉으로 뒤집지 않은 상태에서 옆선 시접을 바지 뒤판 쪽으로 넘기고, 겉을 위로 오게 하여 10의 ★ 부분을 재봉틀 노루발 밑에 넣습니다. 이대로 안을 들여다보는 식으로 하여 박고 겉에서 눌러박기를 합니다.

12

옆선 솔기에서 0.5cm 지점을 10의 ★에서 바짓단까지 이어서 박습니다.

13

밑아래 시접도 바지 뒤판 쪽으로 넘기고, 솔기에서 0.5cm 지점을 안을 들여다보는 식으로 하여 박고 겉에서 눌러박기를 합니다.

14

바지 겉감과 안감을 다 박은 모습. 아직 겉으로는 뒤집지 말고, 다려서 모양을 정리합니다.

15

앞 허릿단만 안에 접착심지를 붙입니다. 앞뒤 허릿단을 겉끼리 맞대서 고무줄 끼우는 구멍을 남기고 양 옆선을 시접 1cm로 박습니다. 시접은 가릅니다.

다음 페이지로 이어짐→

16

허릿단을 안끼리 맞닿게 반으로 접습니다.

17

바지 안감만 겉으로 뒤집어서 허리선 부분에 허릿단 골선을 아래로 오게 하여 허릿단을 덮습니다. 이대로 바지 겉감 안에 넣습니다.

18

시접 1cm 지점을 한 바퀴 돌아가며 박습니다.

19

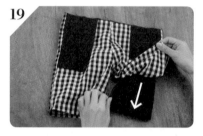

바지 겉감을 젖히고 안에서 바지 안감을 끌어냅니다. 그대로 한쪽 다리 쪽에서 바지 안감을 모두 끌어냅니다.

20

바지 안감을 모두 끌어내서 바지 겉감이 겉으로 뒤집혔습니다. 바지 안감을 바지 겉감 속에 안이 맞닿게 하여 다시 넣습니다.

21

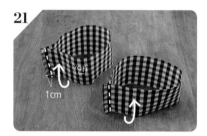

바짓단감을 겉끼리 맞대고 고리 모양이 되도록 박습니다. 시접 1cm로 박아서 시접을 가르고, 안끼리 맞닿게 반으로 접습니다.

22

밑아래 솔기에 21의 솔기를 맞춰서 바짓단감을 바짓단에 넣습니다.

23

시접 1cm로 바짓단을 한 바퀴 돌아가며 박은 뒤에 3장 함께 오버로크 처리(또는 지그재그박기)를 합니다. 바짓단감을 펴서 시접을 바지 쪽으로 넘기고, 바짓단에서 0.5cm 지점을 겉에서 눌러박기를 합니다.

24

바짓단감을 바지 겉쪽으로 3cm 나오게 접고, 옆선 솔기·밑아래 솔기와 이어지도록 박아서 고정합니다.

25

고무줄 끼우는 구멍으로 뒤 허릿단에 고무줄을 끼웁니다.

26

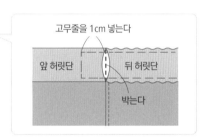

고무줄을 1cm 넣는다

앞 허릿단   뒤 허릿단

박는다

고무줄을 당겨서 앞 허릿단 쪽에 1cm 넣고, 고무줄 끼우는 구멍 자리에서 박아서 고정합니다. 반대쪽도 같은 방법으로 처리합니다. 작업하는 동안 고무줄이 빠지지 않도록 조심합니다.

27

고무줄 끼우는 구멍을 감쳐서 막습니다.

앞   뒤

완성! 다려서 모양을 정리하여 완성합니다.

엄마의 옷

치마

기본 원피스의 변형

허리에 고무줄을 넣은 원피스

Let's try!

K
튈 치맛단을
단 치마
•
×

O
주름치마
•
×

PHOTO. P 37

PHOTO. P 44

[사용하는 옷본] ❖ 1장 필요합니다.

작품 K: F면 ① 치마 앞·뒤판(공통)

❖ 작품 O는 원단에 직접 그려서 재단합니다.

[K 재료]
- **겉감** 리버티프린트(타나 론) 110cm 너비×140 | 140 | 150 | 150 | 160cm
- **안감** 검정 론 110cm 너비×120 | 120 | 130 | 130 | 140cm
- **배색감** 검정 튈 110cm 너비×50cm
- **3cm 너비 납작 고무줄** 허리둘레+2cm

K 완성 치수
※ 단위는 cm

size	S	M	L	LL	3L
치마길이	58.5	58.5	61.4	61.4	64.4

[O 재료]
- **겉감** 리버티프린트(타나 론) 110cm 너비×170 | 170 | 180 | 180 | 190cm
- **안감** 흰색 론 110cm 너비×150 | 150 | 160 | 160 | 170cm
- **3cm 너비 납작 고무줄** 24 | 27 | 25 | 28 | 25cm
- **접착심지** 50cm×10cm

O 완성 치수
※ 단위는 cm

size	S	M	L	LL	3L
허리둘레	62	65	68	71	73
치마 길이	66	66	69	69	72

[재단 배치도]

★ 시접은 정해진 것 이외에는 1cm.

★ 굵은 숫자는 정해진 시접 길이(cm).

★ 원단 필요량은 size S | M | L | LL | 3L 순.

K 재단 배치도

K 겉감(치마, 허릿단)

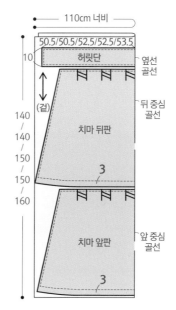

110cm 너비

50.5/50.5/52.5/52.5/53.5

10

허릿단 — 옆선 골선

(겉)

140 / 140 / 150 / 150 / 160

치마 뒤판 — 뒤 중심 골선

3

치마 앞판 — 앞 중심 골선

3

작품에 사용한 겉감 원단은
★ 리버티프린트(타나 론)
Elizabeth[3635049HE]

K 안감(치마 안감)

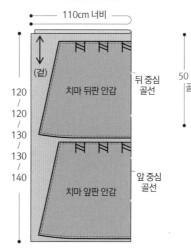

110cm 너비

(겉)

120 / 120 / 130 / 130 / 140

치마 뒤판 안감 — 뒤 중심 골선

치마 앞판 안감 — 앞 중심 골선

작품에 사용한 안감 원단은 ★ 검정 론

K 배색감(프릴)

110cm 너비

11	뒤 프릴	(겉)
11	뒤 프릴	
11	앞 프릴	
11	앞 프릴	

50 골선

53

작품에 사용한
배색감 원단은 ★ 검정 튈

다음 페이지로 이어짐→

143

O 재단 배치도

O 겉감(치마, 허릿단)

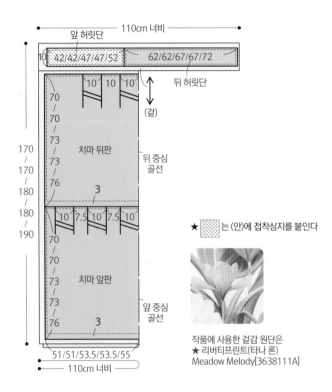

110cm 너비

앞 허릿단

10 | 42/42/47/47/52 | 62/62/67/67/72

뒤 허릿단

(겉)

10 10 10

70
/
70
/
73 치마 뒤판
/
73
/
76   3

뒤 중심
골선

170
/
170
/
180

180
/
190

10 7.5 10 7.5 10

70
/
70
/
73 치마 앞판
/
73
/
76   3

앞 중심
골선

51/51/53.5/53.5/55

110cm 너비

★ ▨ 는 (안)에 접착심지를 붙인다

작품에 사용한 겉감 원단은
★ 리버티프린트(타나 론)
Meadow Melody[3638111A]

O 안감(치마 안감)

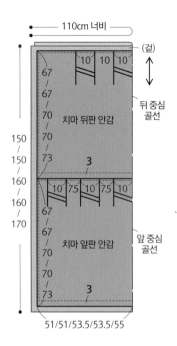

110cm 너비

(겉)

10 10 10

67
/
67
/
70 치마 뒤판 안감
/
70
/
73   3

뒤 중심
골선

150
/
150

160
/
160
/
170

10 7.5 10 7.5 10

67
/
67
/
70 치마 앞판 안감
/
70
/
73   3

앞 중심
골선

51/51/53.5/53.5/55

작품에 사용한 안감 원단은 ★ 흰색 론

O 만드는 순서

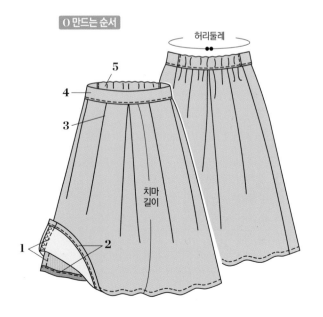

허리둘레

5
4
3

1 2

치마
길이

O 만드는 법

1. K와 같은 방법으로 옆선을 박는다
2. K와 같은 방법으로 치맛단을 박는다. 안감도 박는다
3. 치마 겉감과 안감을 안끼리 맞닿게 겹쳐서 K의 4와 같은
   방법으로 주름을 잡는다
4. p.139의 15~18과 같은 방법으로 허릿단을 만들어서 단다
5. p.141의 25~27과 같은 방법으로 납작 고무줄을 끼운다

K 만드는 순서

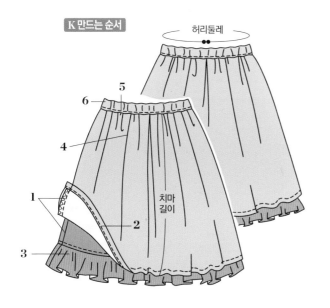

허리둘레

5
6
4
1
2
3

치마
길이

K 만드는 법

1. 옆선을 박는다 ❖ 안감도 같은 방법으로 박는다

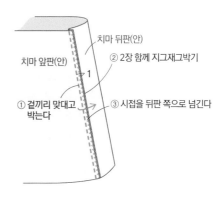

치마 뒤판(안)
치마 앞판(안)
② 2장 함께 지그재그박기
① 겉끼리 맞대고 박는다
③ 시접을 뒤판 쪽으로 넘긴다

2. 치맛단을 박는다

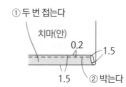

① 두 번 접는다
치마(안)
0.2
1.5
1.5
② 박는다

3. 프릴 4장을 이어서 치마 안감에 단다

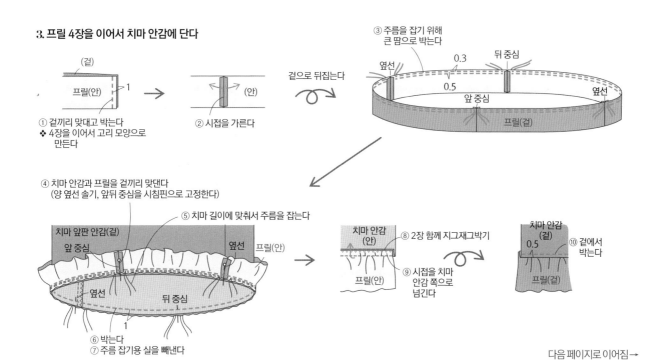

(겉)
프릴(안) 1

① 겉끼리 맞대고 박는다
❖ 4장을 이어서 고리 모양으로 만든다

(안)
② 시접을 가른다

겉으로 뒤집는다

③ 주름을 잡기 위해 큰 땀으로 박는다
옆선   0.3   뒤 중심
0.5
앞 중심   옆선
프릴(겉)

④ 치마 안감과 프릴을 겉끼리 맞댄다
(양 옆선 솔기, 앞뒤 중심을 시침핀으로 고정한다)

⑤ 치마 길이에 맞춰서 주름을 잡는다

치마 앞판 안감(겉)
앞 중심
옆선   프릴(안)
옆선   뒤 중심
1
⑥ 박는다
⑦ 주름 잡기용 실을 빼낸다

치마 안감 (안)
⑧ 2장 함께 지그재그박기
⑨ 시접을 치마 안감 쪽으로 넘긴다
프릴(안)

치마 안감 (겉)
0.5
⑩ 겉에서 박는다
프릴(겉)

다음 페이지로 이어짐→

4. 치마 겉감과 안감을 겹쳐서 주름을 잡는다

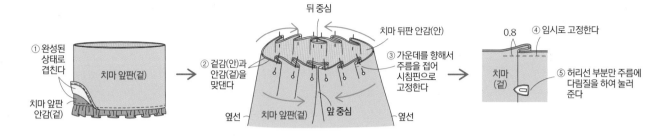

① 완성된 상태로 겹친다
치마 앞판(겉)
치마 앞판 안감(겉)

뒤 중심
치마 뒤판 안감(안)
② 겉감(안)과 안감(겉)을 맞댄다
③ 가운데를 향해서 주름을 접어 시침핀으로 고정한다
옆선   치마 앞판(겉)   앞 중심   옆선

0.8
④ 임시로 고정한다
치마(겉)
⑤ 허리선 부분만 주름에 다림질을 하여 눌러 준다

5. 허릿단을 만들어서 단다

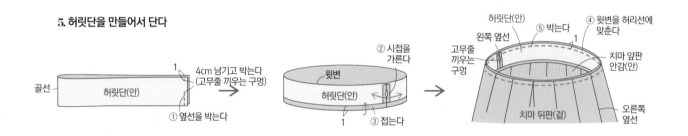

골선
허릿단(안)
1
4cm 남기고 박는다 (고무줄 끼우는 구멍)
① 옆선을 박는다

윗변
허릿단(안)
1
② 시접을 가른다
③ 접는다

허릿단(안)
왼쪽 옆선
고무줄 끼우는 구멍
⑤ 박는다
1
④ 윗변을 허리선에 맞춘다
치마 앞판 안감(안)
치마 뒤판(겉)
오른쪽 옆선

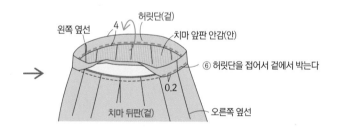

왼쪽 옆선   4   허릿단(겉)
치마 앞판 안감(안)
⑥ 허릿단을 접어서 겉에서 박는다
0.2
치마 뒤판(겉)   오른쪽 옆선

6. 납작 고무줄을 끼운다

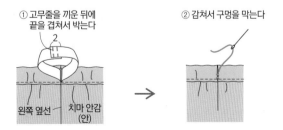

① 고무줄을 끼운 뒤에 끝을 겹쳐서 박는다
2
왼쪽 옆선   치마 안감(안)

② 감쳐서 구멍을 막는다

N
접주름단 치마

×

PHOTO. P 42

[사용하는 옷본] ❖ 3장 필요합니다.
E면 ① 치마 뒤판 겉감 ② 오른쪽 치마 뒤판 안감
③ 왼쪽 치마 뒤판 안감

[재료]
- **겉감** 보라 코듀로이 110cm 너비×140 | 150 | 150 | 160 | 160cm
- **안감** 검정 론 110cm 너비×120 | 120 | 130 | 130 | 140cm
- **배색감** 리버티프린트(타나 론) 110cm 너비×35cm
- **3cm 너비 납작 고무줄** 19 | 20 | 22 | 23.5 | 24cm
- **1.2cm 너비 벨벳 리본(검정)** 200cm
- **접착심지** 50cm×10cm, 4cm×20cm 2장

완성 치수

※ 단위는 cm

size	S	M	L	LL	3L
허리둘레	62	67	70	73	75
치마 길이	55	55.3	56	56.1	57

작품에 사용한 배색감 원단은
★ 리버티프린트(타나 론)
Edenham[3637071LE]

재단 배치도

★ 시접은 정해진 것 이외에는 1cm.
★ 굵은 숫자는 정해진 시접 길이(cm).
★ 원단 필요량은 size S | M | L | LL | 3L 순.
★ 허릿단은 S~L은 가로로 나란히, LL~3L은 세로로 나란히 놓고 재단한다.

겉감(치마, 허릿단)

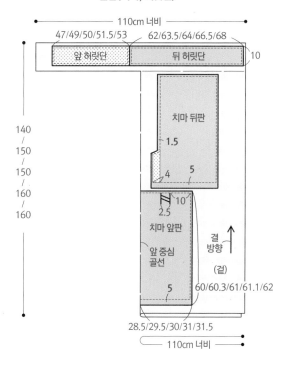

★ ▨ 는 (안)에 접착심지를 붙인다
작품에 사용한 겉감 원단은 ★ 보라 코듀로이

배색감(치맛단감)

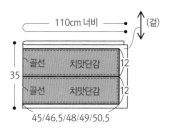

다음 페이지로 이어짐→

안감(치마 안감)

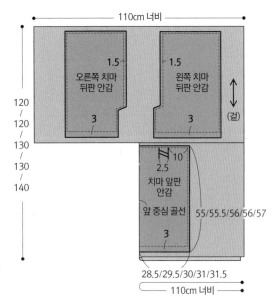

110cm 너비

120 / 120 / 130 / 130 / 140

1.5
오른쪽 치마
뒤판 안감
3

1.5
왼쪽 치마
뒤판 안감
3

(겉)

10
2.5
치마 앞판
안감
앞 중심 골선
55/55.5/56/56/57
3

28.5/29.5/30/31/31.5

110cm 너비

작품에 사용한 안감 원단은 ★ 검정 론

만드는 순서

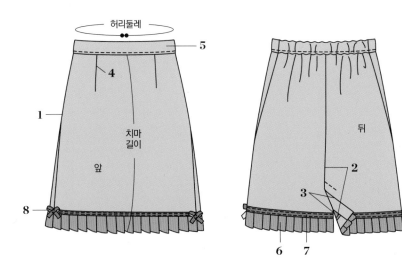

허리둘레

5

4

1

8

치마
길이

앞

6 7

뒤

2

3

1. 옆선을 박는다 ❖ 안감도 같은 방법으로 박는다

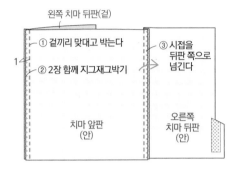

왼쪽 치마 뒤판(겉)

① 겉끼리 맞대고 박는다

② 2장 함께 지그재그박기

1

③ 시접을 뒤판 쪽으로 넘긴다

치마 앞판 (안)

오른쪽 치마 뒤판 (안)

2. 뒤 중심을 박고 치맛단을 박는다

〈겉감〉

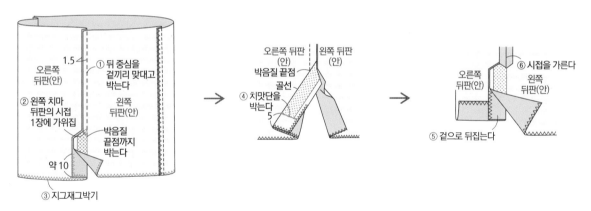

오른쪽 뒤판(안)

1.5

① 뒤 중심을 겉끼리 맞대고 박는다

왼쪽 뒤판(안)

② 왼쪽 치마 뒤판의 시접 1장에 가위집

박음질 끝점까지 박는다

약 10

③ 지그재그박기

오른쪽 뒤판 (안)

왼쪽 뒤판 (안)

박음질 끝점

골선

④ 치맛단을 박는다

5

⑥ 시접을 가른다

오른쪽 뒤판(안)

왼쪽 뒤판(안)

⑤ 겉으로 뒤집는다

〈안감〉

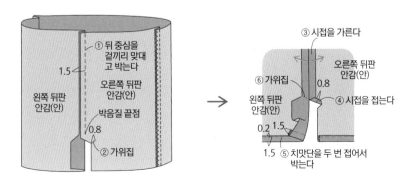

1.5

① 뒤 중심을 겉끼리 맞대고 박는다

왼쪽 뒤판 안감(안)

오른쪽 뒤판 안감(안)

박음질 끝점

0.8

② 가위집

③ 시접을 가른다

⑥ 가위집

오른쪽 뒤판 안감(안)

0.8

왼쪽 뒤판 안감(안)

④ 시접을 접는다

0.2 1.5

1.5

⑤ 치맛단을 두 번 접어서 박는다

다음 페이지로 이어짐→

3. 뒤트임을 박는다

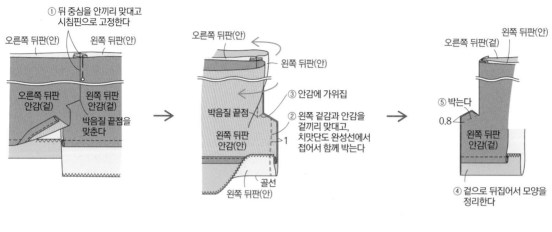

① 뒤 중심을 안끼리 맞대고
시침핀으로 고정한다

오른쪽 뒤판(안)   왼쪽 뒤판(안)

오른쪽 뒤판
안감(겉)   왼쪽 뒤판
안감(겉)

박음질 끝점을
맞춘다

오른쪽 뒤판(안)

왼쪽 뒤판(안)

③ 안감에 가위집

② 왼쪽 겉감과 안감을
겉끼리 맞대고,
치맛단도 완성선에서
접어서 함께 박는다

박음질 끝점

왼쪽 뒤판
안감(안)

1

골선

왼쪽 뒤판(안)

오른쪽 뒤판(겉)   왼쪽 뒤판(안)

⑤ 박는다

0.8

왼쪽 뒤판
안감(겉)

④ 겉으로 뒤집어서 모양을
정리한다

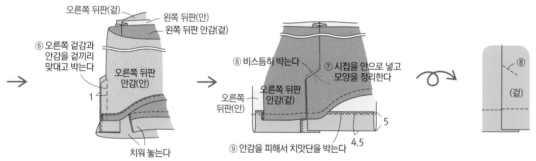

오른쪽 뒤판(겉)   왼쪽 뒤판(안)
왼쪽 뒤판 안감(겉)

⑥ 오른쪽 겉감과
안감을 겉끼리
맞대고 박는다

오른쪽 뒤판
안감(안)

1

치워 놓는다

⑧ 비스듬히 박는다

⑦ 시접을 안으로 넣고
모양을 정리한다

오른쪽
뒤판(안)

오른쪽 뒤판
안감(겉)

⑨ 안감을 피해서 치맛단을 박는다

4.5

5

⑧

(겉)

4. 앞판에 주름을 잡는다

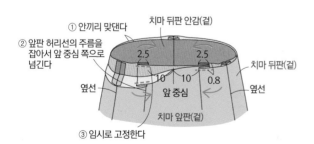

① 안끼리 맞댄다   치마 뒤판 안감(겉)

② 앞판 허리선의 주름을
잡아서 앞 중심 쪽으로
넘긴다

2.5   2.5

치마 뒤판(겉)

옆선

10   10   0.8

앞 중심

옆선

치마 앞판(겉)

③ 임시로 고정한다

150

5. p.139의 15~18을 참조하여 허릿단을 단다. 겉으로 뒤집고, p.141의 25~27과 같은 방법으로 납작 고무줄을 끼운다

6. 치맛단감의 주름을 잡는다

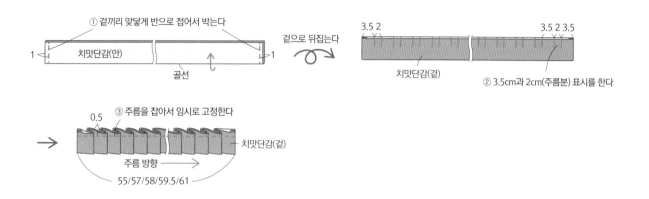

① 겉끼리 맞닿게 반으로 접어서 박는다

1　치맛단감(안)　골선　1

겉으로 뒤집는다

3.5 2　3.5 2 3.5

치맛단감(겉)

② 3.5cm과 2cm(주름분) 표시를 한다

0.5　③ 주름을 잡아서 임시로 고정한다

치맛단감(겉)

주름 방향 →

55/57/58/59.5/61

7. 치마에 치맛단감을 단다

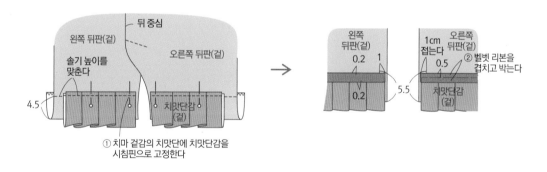

뒤 중심

왼쪽 뒤판(겉)　오른쪽 뒤판(겉)

솔기 높이를 맞춘다

4.5　치맛단감(겉)

① 치마 겉감의 치맛단에 치맛단감을 시침핀으로 고정한다

왼쪽 뒤판(겉)　1cm 접는다　오른쪽 뒤판(겉)

0.2　1　0.5　② 벨벳 리본을 겹치고 박는다

0.2　5.5　치맛단감(겉)

8. 리본을 만들어서 단다

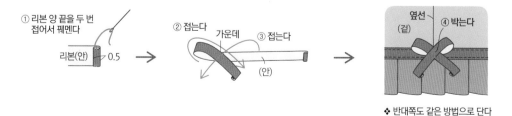

① 리본 양 끝을 두 번 접어서 꿰멘다

리본(안)　0.5

② 접는다　가운데　③ 접는다

(안)

옆선(겉)　④ 박는다

❖ 반대쪽도 같은 방법으로 단다

A
소매 프릴 블라우스

×

PHOTO. P 09

[사용하는 옷본] ❖ 2장 필요합니다.
E면 ① 앞 몸판 ② 뒤 몸판

[재료]
- **겉감** 리버티프린트(타나 론) 110cm 너비×140 | 140 | 150 | 150 | 160cm
- **안감** 남색 론 110cm 너비×130 | 130 | 140 | 140 | 150cm
- **배색감** 남색 면(중간 두께) 110cm 너비×40cm
- **지름 1.5cm 꽃 모양 단추(흰색)** 10개
- **접착심지** 3cm×70cm 2장

완성 치수   ※ 단위는 cm

size	S	M	L	LL	3L
가슴둘레	84.2	87.2	90.2	93.2	96.2
등 너비	48.8	50.3	51.6	52.6	53.6
등 길이	55.8	56.8	57.8	59.8	60.8

재단 배치도
★ 시접은 정해진 것 이외에는 1cm.
★ 굵은 숫자는 정해진 시접 길이(cm).
★ 원단 필요량은 size S | M | L | LL | 3L 순.

겉감(몸판)

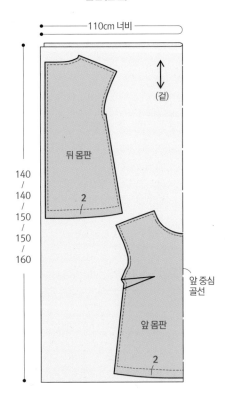

110cm 너비

(겉)

뒤 몸판

2

140 / 140 / 150 / 150 / 160

앞 몸판

2

앞 중심 골선

작품에 사용한 겉감 원단은
★ 리버티프린트(타나 론)
Phoebe

152

안감(몸판 안감)

110cm 너비

(겉)

뒤 몸판
안감

3 0

130
/
130
/
140
/
140
/
150

앞 몸판
안감

앞 중심
골선

0

★ ▦ 는 (안)에 접착심지를 붙인다

작품에 사용한 안감 원단은 ★ 남색 론

배색감(소매 프릴)

110cm 너비

40

(안)

16

소매 프릴

소매 프릴

소매산
골선

34.5/36/36/37.5/38.5

작품에 사용한 배색감 원단은 ★ 남색 면

만드는 순서

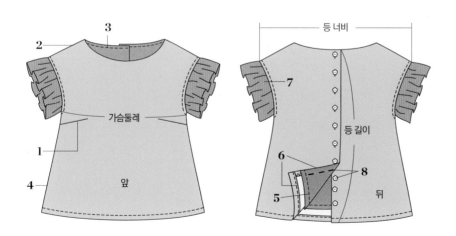

2

3

가슴둘레

1

4

앞

등 너비

7

등 길이

6

5

8

뒤

다음 페이지로 이어짐→

1. 다트를 박는다 ❖ 안감도 같은 방법으로 박는다

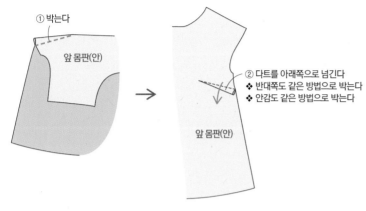

① 박는다

앞 몸판(안)

② 다트를 아래쪽으로 넘긴다
❖ 반대쪽도 같은 방법으로 박는다
❖ 안감도 같은 방법으로 박는다

앞 몸판(안)

2. 어깨선을 박는다 ❖ 안감도 같은 방법으로 박는다

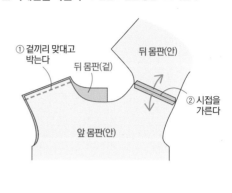

① 겉끼리 맞대고
박는다

뒤 몸판(겉)

뒤 몸판(안)

② 시접을
가른다

앞 몸판(안)

3. 겉감과 안감을 맞대고 목둘레를 박는다

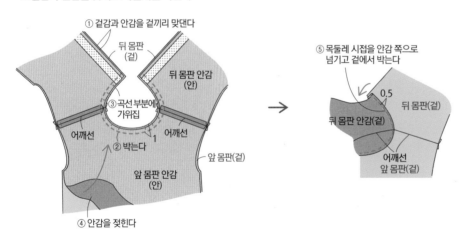

① 겉감과 안감을 겉끼리 맞댄다

뒤 몸판
(겉)

뒤 몸판 안감
(안)

③ 곡선 부분에
가위집

어깨선

어깨선

② 박는다   1

앞 몸판(겉)

앞 몸판 안감
(안)

④ 안감을 젖힌다

⑤ 목둘레 시접을 안감 쪽으로
넘기고 겉에서 박는다

0.5

뒤 몸판(겉)

뒤 몸판 안감(겉)

어깨선
앞 몸판(겉)

4. 옆선을 박는다

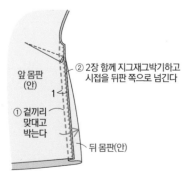

앞 몸판
(안)

② 2장 함께 지그재그박기하고
시접을 뒤판 쪽으로 넘긴다

1

① 겉끼리
맞대고
박는다

뒤 몸판(안)

❖ 안감도 같은 방법으로 박는다

5. 안감 밑단을 박는다

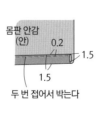

몸판 안감
(안)   0.2

1.5

1.5

두 번 접어서 박는다

154

6. 뒤판 끝선을 박고 겉감 밑단을 박는다

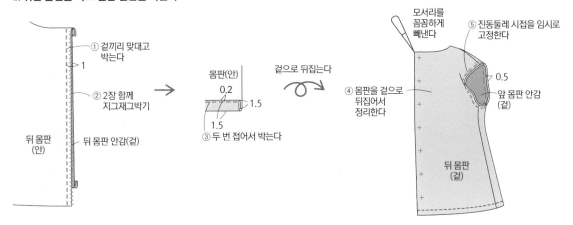

① 겉끼리 맞대고 박는다

1

② 2장 함께 지그재그박기

뒤 몸판 (안)

뒤 몸판 안감(겉)

몸판(안)

0.2

1.5

1.5

③ 두 번 접어서 박는다

겉으로 뒤집는다

④ 몸판을 겉으로 뒤집어서 정리한다

모서리를 꼼꼼하게 빼낸다

⑤ 진동둘레 시접을 임시로 고정한다

0.5

앞 몸판 안감 (겉)

뒤 몸판 (겉)

7. 소매 프릴을 만들어서 단다

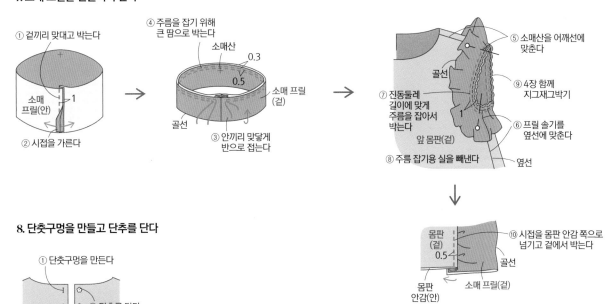

① 겉끼리 맞대고 박는다

소매 프릴(안)

1

② 시접을 가른다

④ 주름을 잡기 위해 큰 땀으로 박는다

소매산

0.3

0.5

소매 프릴 (겉)

골선

③ 안끼리 맞닿게 반으로 접는다

⑤ 소매산을 어깨선에 맞춘다

골선

⑨ 4장 함께 지그재그박기

⑦ 진동둘레 길이에 맞게 주름을 잡아서 박는다

1

앞 몸판(겉)

⑥ 프릴 솔기를 옆선에 맞춘다

⑧ 주름 잡기용 실을 빼낸다

옆선

몸판 (겉)

0.5

⑩ 시접을 몸판 안감 쪽으로 넘기고 겉에서 박는다

골선

몸판 안감(안)

소매 프릴(겉)

8. 단춧구멍을 만들고 단추를 단다

① 단춧구멍을 만든다

② 단추를 단다

왼쪽 뒤판 (겉)

오른쪽 뒤판 (겉)

E
체크무늬 주름 원피스

•
×

PHOTO. P 19

× × × × × × × × × × × × × × × × × × × ×

[사용하는 옷본] ❖ 2장 필요합니다.
D면 ① 앞 몸판 ② 뒤 몸판

[재료]
- **겉감** 깅엄체크 면(중간 두께) 110cm 너비×190 l 190 l 200 l 210 l 220cm
- **안감** 검정 론 110cm 너비×180 l 180 l 190 l 200 l 210cm
- **콘실 지퍼** 길이 56cm 1개
- **2cm 너비 꽃 모티프 브레이드** 70cm
- **접착심지** 3cm×50cm 2장

× × × × × × × × × × × × × × × × × × × ×

완성 치수
※ 단위는 cm

size	S	M	L	LL	3L
가슴둘레	86.8	89.8	92.8	95.8	98.8
등 너비	34	35.5	37	38.5	40.5
등 길이	35.5	36	36.5	37	37.5
치마 길이	60	61	62	63	64

0.9cm

작품에 사용한 겉감 원단은
★ 깅엄체크 면(중간 두께)

재단 배치도

★ 시접은 정해진 것 이외에는 1cm.
★ 굵은 숫자는 정해진 시접 길이(cm).
★ 원단 필요량은 size S l M l L l LL l 3L 순.

겉감(몸판, 치마)

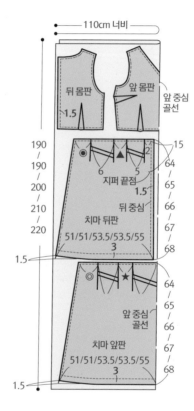

110cm 너비

뒤 몸판   앞 몸판
1.5

앞 중심
골선

190 / 190 / 200 / 210 / 220

15
2 64
지퍼 끝점
6   5
1.5
뒤 중심
치마 뒤판
51/51/53.5/53.5/55
3

65 / 66 / 67 / 68

1.5

64 / 65 / 66 / 67 / 68

앞 중심
골선
치마 앞판
51/51/53.5/53.5/55
3

1.5

◉ = 9.5/9.5/10/10.5/10.5
▲ = 7/7.5/8/9/9
◎ = 10/10/10.5/11/11.5
★ = 8.5/9/9/9.5/9.5

안감(몸판 안감, 치마 안감)

110cm 너비

뒤 몸판 안감 (겉) 앞 몸판 안감

앞 중심 골선

1.5

3

17

1.5

박음질 끝점

치마 뒤판 안감

❖ 치수는 겉감과 같다. 단, 치맛단 시접은 없음

뒤 중심

0

180 / 180 / 190 / 200 / 210

1.5

치마 앞판 안감

❖ 치수는 겉감과 같다. 단, 치맛단 시접은 없음

앞 중심 골선

0

1.5

★ ░░░ 는 (안)에 접착심지를 붙인다
작품에 사용한 안감 원단은 ★ 검정 론

만드는 순서

1
2·3
4
12
5
6
9
10
치마 길이
앞
가슴둘레

등 너비
11
7 등 길이
8
뒤

만드는 법

❖ p.165의 1을 참조하여 몸판 겉감과 안감의 다트를 박아 둔다

1~7. p.68의 **1**~p.72의 **6**을 참조하여 몸판을 만든다

8~11. p.78~p.81을 참조하여 치마와 몸판을 잇고 지퍼를 단다

12. 목둘레에 브레이드를 단다

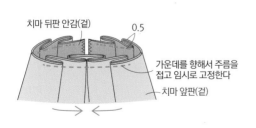

치마 뒤판 안감(겉)

0.5

가운데를 향해서 주름을 접고 임시로 고정한다

치마 앞판(겉)

❖ 치마 허리선은 재봉틀로 박아서 주름을 잡지 않고 그림처럼 주름을 접는다

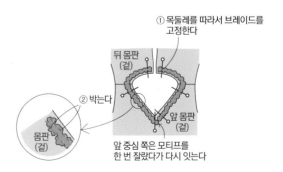

① 목둘레를 따라서 브레이드를 고정한다

뒤 몸판 (겉)

② 박는다

몸판 (겉)

앞 몸판 (겉)

앞 중심 쪽의 모티프를 한 번 잘랐다가 다시 잇는다

157

F
서머 원피스

PHOTO. P 21

[사용하는 옷본] ❖ 3장 필요합니다.
E면 ① 앞 몸판 ② 뒤 몸판 ③ 옷깃

[재료]
- **겉감** 리버티프린트(타나 론) 110cm 너비×230 ¦ 230 ¦ 240 ¦ 240 ¦ 250cm
- **안감** 흰색 론 110cm 너비×180 ¦ 180 ¦ 190 ¦ 190 ¦ 200cm
- **배색감** 흰색 면 트윌 50cm×40cm
- **콘실 지퍼** 길이 56cm 1개
- **접착심지** 3cm×50cm 2장

완성 치수
※ 단위는 cm

size	S	M	L	LL	3L
가슴둘레	86.4	89.4	92.4	95.4	98.4
등 너비	38.8	40	41.6	43.2	44.4
등 길이	35.2	35.6	36.2	36.8	37.2
치마 길이	60	61	62	63	64

작품에 사용한 겉감 원단은
★ 리버티프린트(타나 론)
Glenjade[3639015IE]

겉감(몸판, 치마)(몸판 안감)

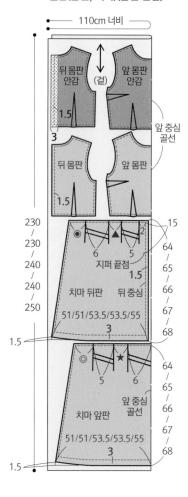

◉ = 9/9.5/10/10.5/11
▲ = 7/7.5/7.5/8/8
◎ = 10/10.5/11/11.5/12
★ = 8/8.5/8.5/9/9

안감(치마 안감)(안깃)

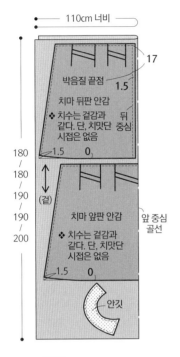

110cm 너비

17

박음질 끝점 1.5

치마 뒤판 안감
❖ 치수는 겉감과
   같다. 단, 치맛단 중심
   시접은 없음
   뒤

1.5   0

180
180
190
190
200

(겉)

치마 앞판 안감
❖ 치수는 겉감과
   같다. 단, 치맛단
   시접은 없음

앞 중심
골선

1.5   0

안깃

★ ⬚는 (안)에 접착심지를 붙인다
작품에 사용한 안감 원단은 ★ 흰색 론

배색감(옷깃)

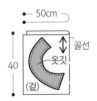

50cm

40

골선
옷깃
(겉)

작품에 사용한 배색감 원단은
★ 흰색 면 트윌

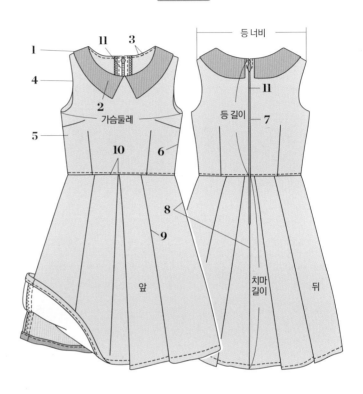

등 너비

1
11   3
4
2
5
가슴둘레
10   6
8
9
앞

등 길이
11
7
치마
길이   뒤

❖ p.165의 **1**을 참조하여 몸판 겉감과 안감의 다트를 박아 둔다
1~2. p.133의 **1, 2**를 참조하여 옷깃을 임시로 고정한다
3~7. p.69의 **2**~p.72의 **6**을 참조하여 몸판을 만든다
8~11. p.78~p.81을 참조하여 치마와 몸판을 잇고 지퍼를 단다

❖ 치마 허리선은 재봉틀로 박아서 주름을 잡지 않고 그림처럼 주름을 접는다

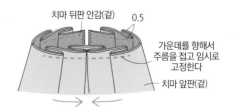

치마 뒤판 안감(겉)   0.5

가운데를 향해서
주름을 접고 임시로
고정한다

치마 앞판(겉)

G
카슈쾨르 원피스

·
×

PHOTO. P 24

[사용하는 옷본] ❖ 4장 필요합니다.
E면 ① 앞 몸판 ② 뒤 몸판
D면 ③ 치마 앞판 ④ 치마 뒤판

[재료]
● **겉감** 리버티프린트(타나 론) 110cm 너비 × 220 | 220 | 230 | 230 | 240cm
● **안감** 검정 론 110cm 너비 × 210 | 210 | 220 | 220 | 230cm
● **콘실 지퍼** 길이 56cm 1개
● **접착심지** 3cm × 50cm 2장

완성 치수

※ 단위는 cm

size	S	M	L	LL	3L
가슴둘레	77	81.5	86.5	91.5	96.5
등 너비	34	35.5	37	38.5	40
등 길이	36.4	37	37.4	38	38.4
치마 길이	55	56	57	58	59

작품에 사용한 겉감 원단은
★ 리버티프린트(타나 론)
Xanthe Sunbeam[3633151DE]

재단 배치도
★ 시접은 정해진 것 이외에는 1cm.
★ 굵은 숫자는 정해진 시접 길이(cm).
★ 원단 필요량은 size S | M | L | LL | 3L 순.

겉감(몸판, 치마)

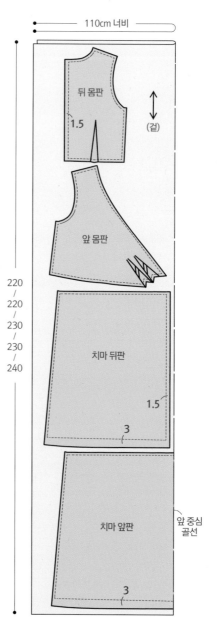

160

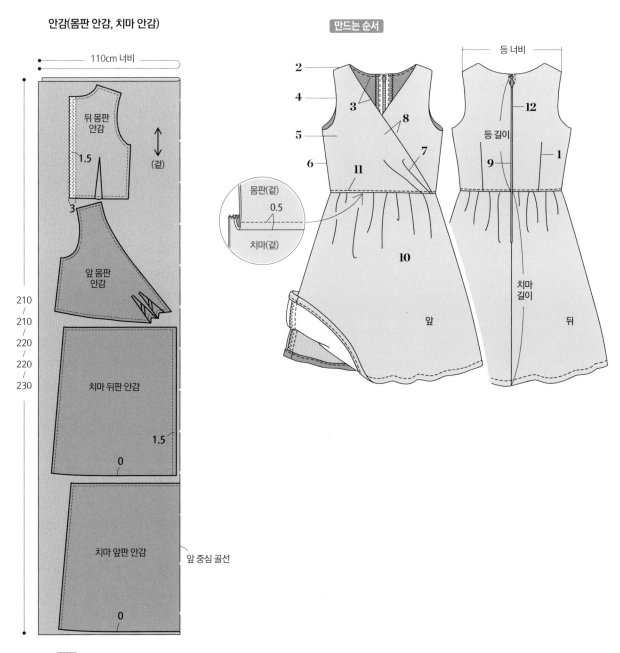

안감(몸판 안감, 치마 안감)

110cm 너비

뒤 몸판
안감

1.5

(겉)

3

앞 몸판
안감

210
/
210
/
220
/
220
/
230

치마 뒤판 안감

1.5

0

치마 앞판 안감

앞 중심 골선

0

★ ▨ 는 (안)에 접착심지를 붙인다
작품에 사용한 안감 원단은 ★ 검정 론

만드는 순서

몸판(겉)

0.5

치마(겉)

2

4

3

5

6

8

7

11

10

앞

등 너비

12

등 길이

9

1

치마
길이

뒤

다음 페이지로 이어짐→

1. 뒤 몸판의 다트를 박는다
❖ 반대쪽도 같은 방법으로 박는다
❖ 안감도 같은 방법으로 박는다

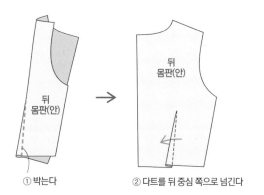

① 박는다

② 다트를 뒤 중심 쪽으로 넘긴다

2. 어깨선을 박는다 ❖ 안감도 같은 방법으로 박는다

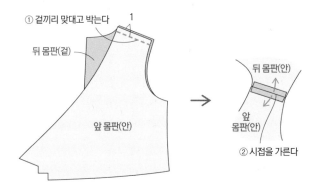

① 겉끼리 맞대고 박는다

뒤 몸판(겉)

앞 몸판(안)

뒤 몸판(안)

앞 몸판(안)

② 시접을 가른다

3. 목둘레를 박고 눌러박기를 한다

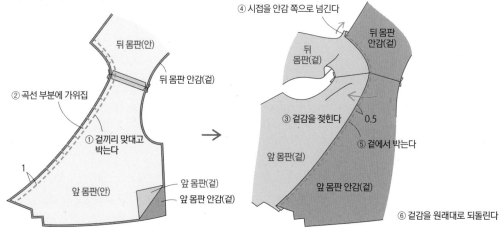

뒤 몸판(안)

④ 시접을 안감 쪽으로 넘긴다

뒤 몸판 안감(겉)

② 곡선 부분에 가위집

뒤 몸판 안감(겉)

뒤 몸판(겉)

① 겉끼리 맞대고 박는다

③ 겉감을 젖힌다

0.5

⑤ 겉에서 박는다

앞 몸판(안)

앞 몸판(겉)

앞 몸판 안감(겉)

앞 몸판(겉)

앞 몸판 안감(겉)

⑥ 겉감을 원래대로 되돌린다

4. 진동둘레를 박는다

5. 겉으로 뒤집는다 p.70의 **4** ~p.72의 **6** 을 참조

6. 옆선을 박는다

7. 앞 몸판에 주름을 접는다

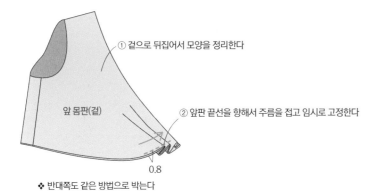

① 겉으로 뒤집어서 모양을 정리한다

앞 몸판(겉)

② 앞판 끝선을 향해서 주름을 접고 임시로 고정한다

0.8

❖ 반대쪽도 같은 방법으로 박는다

8. 좌우 앞 몸판을 맞댄다

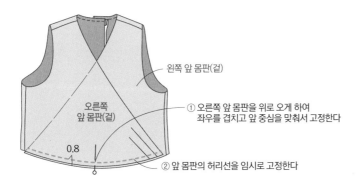

왼쪽 앞 몸판(겉)

오른쪽
앞 몸판(겉)

① 오른쪽 앞 몸판을 위로 오게 하여
좌우를 겹치고 앞 중심을 맞춰서 고정한다

0.8

② 앞 몸판의 허리선을 임시로 고정한다

9. 뒤판 끝선의 가장자리를 처리한다

10. 치마를 만들어서 몸판에 단다 p.78~p.81을 참조

11. 지퍼를 달아서 마무리한다

H
어깨 프릴 원피스

·
×

PHOTO. P 26

× · × · × · × · × · × · × · × · × · × · × · × · × · × ·

[사용하는 옷본] ❖ 4장 필요합니다.
F면 ① 앞 몸판 ② 뒤 몸판
D면 ③ 치마 앞판 ④ 치마 뒤판

[재료]
- **겉감** 흰색 면(중간 두께) 110cm 너비×100 | 100 | 110 | 110 | 110cm
- **안감** 남색 론 110cm 너비×130 | 130 | 140 | 140 | 140cm
- **배색감** 깅엄체크 면(중간 두께) 110cm 너비×160 | 160 | 170 | 170 | 170cm
- **콘실 지퍼** 길이 56cm 1개
- **접착심지** 3cm×50cm 4장
- **지름 1.5cm 꽃 모양 단추**(흰색) 3개

× · × · × · × · × · × · × · × · × · × · × · × · × · × ·

완성 치수
※ 단위는 cm

size	S	M	L	LL	3L
가슴둘레	87	90	93	96	99
등 너비	30.5	31.5	33	34.5	36
등 길이	35	35.5	36.5	37	37.5
치마 길이	55	56	57	58	59

재단 배치도

★ 시접은 정해진 것 이외에는 1cm.
★ 굵은 숫자는 정해진 시접 길이(cm).
★ 원단 필요량은 size S | M | L | LL | 3L 순.

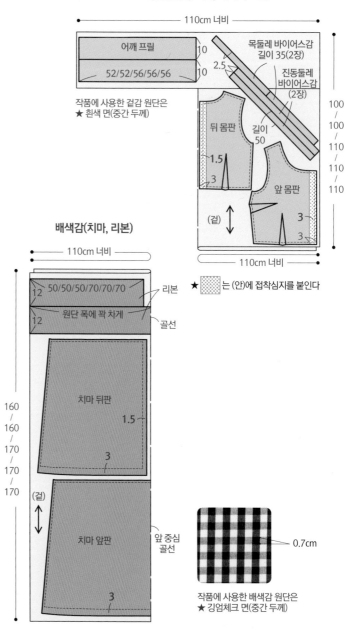

겉감(몸판, 프릴, 바이어스감)

110cm 너비

어깨 프릴
52/52/56/56/56
10
10

목둘레 바이어스감 길이 35(2장)
2.5
진동둘레 바이어스감 (2장)

작품에 사용한 겉감 원단은
★ 흰색 면(중간 두께)

뒤 몸판
길이 50
1.5
3
(겉)

앞 몸판
3
3

100 / 100 / 110 / 110 / 110

110cm 너비

★ ▨ 는 (안)에 접착심지를 붙인다

배색감(치마, 리본)

110cm 너비

50/50/50/70/70/70
12
12
리본
원단 폭에 꽉 차게
골선

치마 뒤판
1.5
3

치마 앞판
3
(겉)

앞 중심 골선

160 / 160 / 170 / 170 / 170

0.7cm

작품에 사용한 배색감 원단은
★ 깅엄체크 면(중간 두께)

안감(치마 안감)

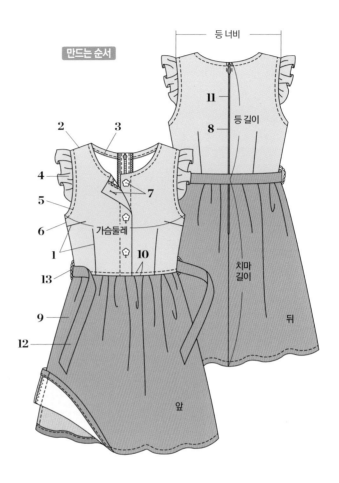

110cm 너비

(겉)

1.5

치마 뒤판 안감

0

130
/
130
/
140
/
140
/
140

치마 앞판 안감

앞 중심
골선

0

★ ▨ 는 (안)에 접착심지를 붙인다
작품에 사용한 안감 원단은 ★ 남색 론

만드는 순서

등 너비

11

8   등 길이

2   3

4

5

6

7

가슴둘레

1

10

13

9

12

치마
길이

뒤

앞

만드는 법

1. 다트를 박는다

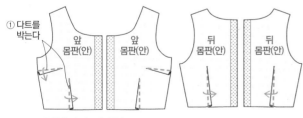

① 다트를
박는다

앞
몸판(안)

앞
몸판(안)

뒤
몸판(안)

뒤
몸판(안)

② 옆선 다트는 아래쪽으로,
허리선 다트는 가운데 쪽으로 넘긴다

다음 페이지로 이어짐→

2. 어깨선을 박는다 ❖ 반대쪽도 같은 방법으로 박는다

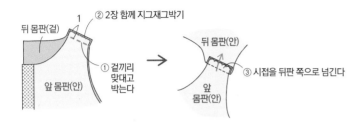

② 2장 함께 지그재그박기

뒤 몸판(겉)

① 겉끼리 맞대고 박는다

앞 몸판(안)

뒤 몸판(안)

③ 시접을 뒤판 쪽으로 넘긴다

앞 몸판(안)

3. 목둘레를 박는다 ❖ 반대쪽도 같은 방법으로 박는다

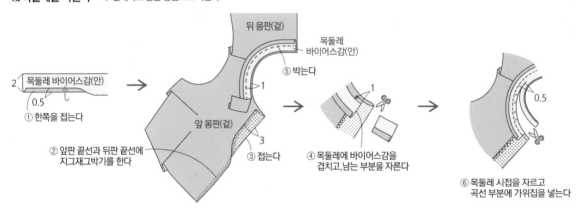

목둘레 바이어스감(안)

0.5

① 한쪽을 접는다

뒤 몸판(겉)

목둘레 바이어스감(안)

⑤ 박는다

1

앞 몸판(겉)

② 앞판 끝선과 뒤판 끝선에 지그재그박기를 한다

③ 접는다

1

④ 목둘레에 바이어스감을 겹치고, 남는 부분을 자른다

0.5

⑥ 목둘레 시접을 자르고 곡선 부분에 가위집을 넣는다

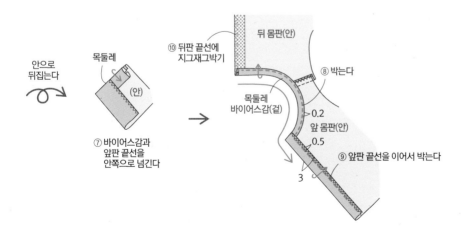

안으로 뒤집는다

목둘레

(안)

⑦ 바이어스감과 앞판 끝선을 안쪽으로 넘긴다

⑩ 뒤판 끝선에 지그재그박기

뒤 몸판(안)

⑧ 박는다

목둘레 바이어스감(겉)

0.2

앞 몸판(안)

0.5

⑨ 앞판 끝선을 이어서 박는다

3

4. 어깨 프릴을 만들어서 몸판에 임시로 고정한다   ❖ p.102의 **3** 참조

5. 진동둘레를 바이어스감으로 처리한다

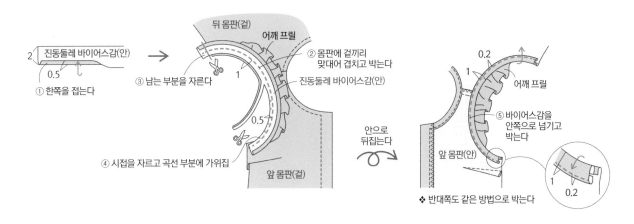

6. 옆선을 박는다

7. 앞 몸판에 단춧구멍을 만들고 단추를 단다

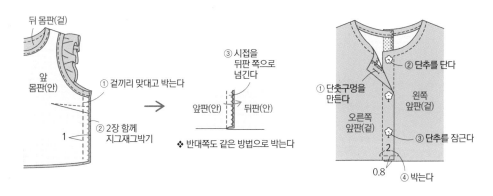

8~11. 치마를 만들어서 몸판과 잇고, 지퍼를 달아서 마무리한다   ❖ p.78의 **8** ~p.81 참조

12. 리본을 만든다

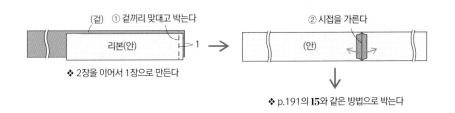

13. 실 고리를 만든다   ❖ p.191의 **16** 참조

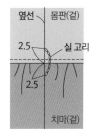

M
브이넥 원피스

·
×

PHOTO. P 40

× × × × × × × × × × × × × × ×

[사용하는 옷본] ❖ 4장 필요합니다.
F면 ① 앞 몸판 ② 뒤 몸판
D면 ③ 치마 앞판 ④ 치마 뒤판

[재료]
● **겉감** 리버티프린트(타나 론) 110cm 너비×220 | 220 |
230 | 230 | 240cm
● **안감** 남색 론 110cm 너비×210 | 210 | 220 | 220 |
230cm
● **콘실 지퍼** 길이 56cm 1개
● **접착심지** 3cm×50cm 2장
● **2cm 너비 그로그랭 리본(남색)** 100cm

× × × × × × × × × × × × × × ×

완성 치수
※ 단위는 cm

size	S	M	L	LL	3L
가슴둘레	89.5	92.5	95.5	98.5	101.5
등 길이	35.5	36	36.5	37	37.5
치마 길이	55	56	57	58	59

작품에 사용한 겉감 원단은
★ 리버티프린트(타나 론)
Maroly[5491108YE]

재단 배치도

★ 시접은 정해진 것 이외에는 1cm.
★ 굵은 숫자는 정해진 시접 길이(cm).
★ 원단 필요량은 size S | M | L | LL | 3L 순.

겉감(몸판, 치마, 소맷부리감)

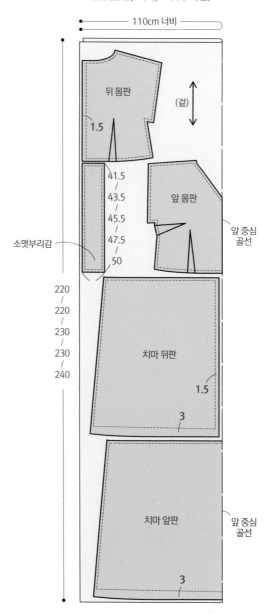

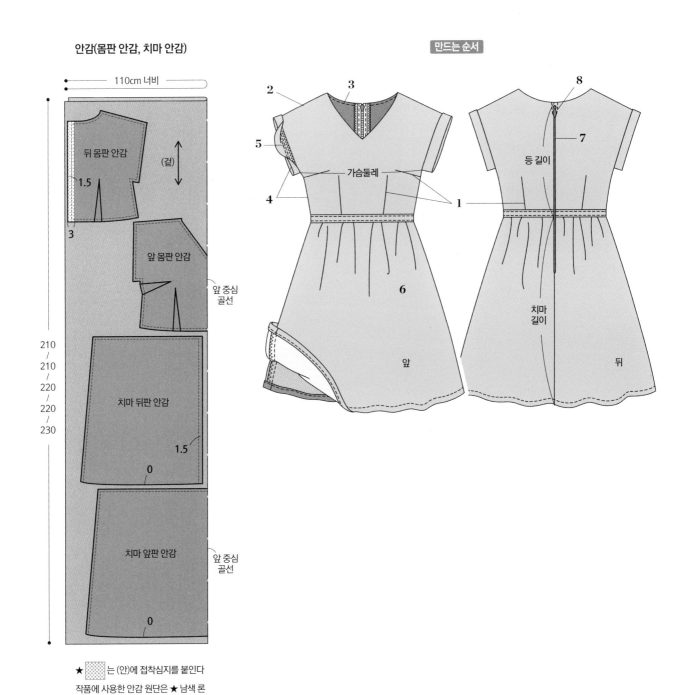

안감(몸판 안감, 치마 안감)

110cm 너비

뒤 몸판 안감

1.5

3

(겉)

앞 몸판 안감

앞 중심
골선

치마 뒤판 안감

1.5

0

치마 앞판 안감

앞 중심
골선

0

210
/
210
/
220
/
220
/
230

★ ⬚는 (안)에 접착심지를 붙인다
작품에 사용한 안감 원단은 ★ 남색 론

2

3

5

4

가슴둘레

6

앞

8

7

등 길이

1

치마
길이

뒤

다음 페이지로 이어짐→

1~2. p.165의 1~p.166의 2를 참조하여 다트, 어깨선을 박는다

3. 목둘레를 박는다

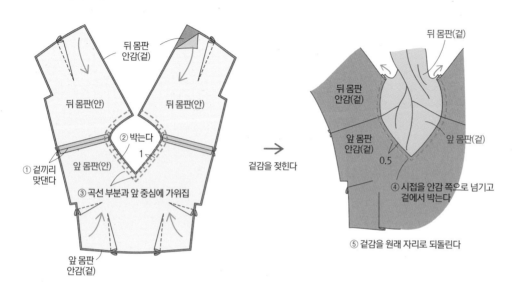

뒤 몸판 안감(겉)

뒤 몸판(안)   뒤 몸판(안)

② 박는다

1

① 겉끼리 맞댄다

앞 몸판(안)

③ 곡선 부분과 앞 중심에 가위집

앞 몸판 안감(겉)

겉감을 젖힌다

뒤 몸판(겉)

뒤 몸판 안감(겉)

앞 몸판 안감(겉)

0.5

앞 몸판(겉)

④ 시접을 안감 쪽으로 넘기고 겉에서 박는다

⑤ 겉감을 원래 자리로 되돌린다

4. 옆선을 박고 소맷부리감을 임시로 고정한다

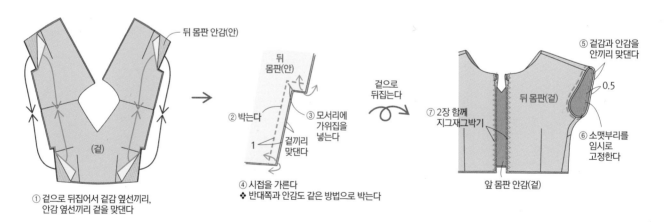

뒤 몸판 안감(안)

(겉)

① 겉으로 뒤집어서 겉감 옆선끼리, 안감 옆선끼리 겉을 맞댄다

뒤 몸판(안)

② 박는다

③ 모서리에 가위집을 넣는다

겉끼리 맞댄다

1

④ 시접을 가른다
❖ 반대쪽과 안감도 같은 방법으로 박는다

겉으로 뒤집는다

⑤ 겉감과 안감을 안끼리 맞댄다

0.5

⑦ 2장 함께 지그재그박기

뒤 몸판(겉)

⑥ 소맷부리를 임시로 고정한다

앞 몸판 안감(겉)

5. 소맷부리감을 만들어서 단다

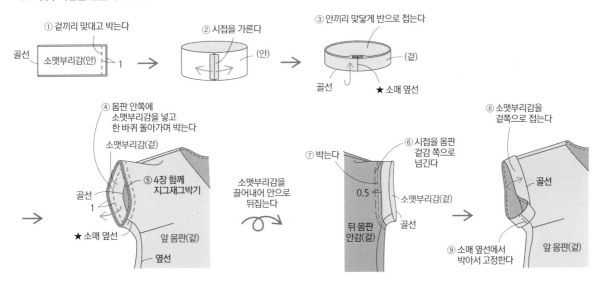

① 겉끼리 맞대고 박는다

골선

소맷부리감(안) 1

② 시접을 가른다

(안)

③ 안끼리 맞닿게 반으로 접는다

(겉)

골선   ★소매 옆선

④ 몸판 안쪽에
소맷부리감을 넣고
한 바퀴 돌아가며 박는다

소맷부리감(겉)

⑤ 4장 함께
지그재그박기

골선 1

★소매 옆선

앞 몸판(겉)

옆선

소맷부리감을
끌어내어 안으로
뒤집는다

⑦ 박는다

⑥ 시접을 몸판
겉감 쪽으로
넘긴다

0.5

소맷부리감(겉)

뒤 몸판
안감(겉)

골선

⑧ 소맷부리감을
겉쪽으로 접는다

골선

앞 몸판(겉)

⑨ 소매 옆선에서
박아서 고정한다

6~8. p.78의 8 ~p.81을 참조하여 치마를 만들어서 잇고 지퍼를 달아 완성한다

P

스퀘어넥 원피스

• ×

PHOTO. P 47

[사용하는 옷본] ❖ 4장 필요합니다.

F면 ① 앞 몸판 ② 뒤 몸판

D면 ③ 치마 앞판 ④ 치마 뒤판

[재료]

- **겉감** 리버티프린트(타나 론) 110cm 너비×180│180│190│190│210cm
- **안감** 남색 론 110cm 너비×170│170│180│180│200cm
- **콘실 지퍼** 길이 56cm 1개
- **접착심지** 3cm×40cm 2장
- **2cm 너비 그로그랭 리본(남색)** 100cm

완성 치수

※ 단위는 cm

size	S	M	L	LL	3L
가슴둘레	83.5	86.5	89.5	92.5	95.5
등 너비	32.5	34	35.5	36.5	38.5
등 길이	32.5	33	33.5	34	34.5
치마 길이	55	56	57	58	59

작품에 사용한 겉감 원단은
★ 리버티프린트(타나 론)
Swim Dunclare[5672151S–ZE]

겉감(몸판, 치마) **안감(몸판 안감, 치마 안감)**

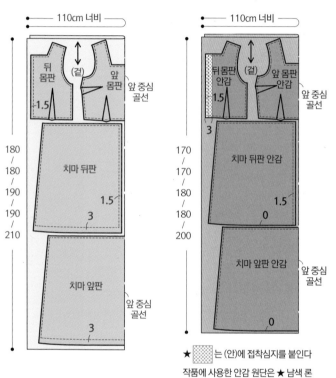

★ ▨ 는 (안)에 접착심지를 붙인다
작품에 사용한 안감 원단은 ★ 남색 론

☐ 만드는 순서

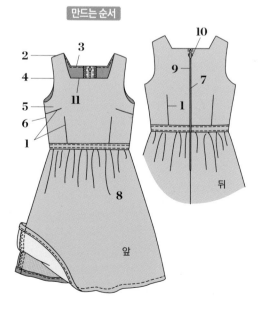

172

만드는 법

1. 다트를 박는다 ❖ 안감도 같은 방법으로 박는다

① 다트를 박는다

앞 몸판(안)

뒤 몸판(안) 뒤 몸판(안)

② 옆선 다트는 아래쪽으로, 허리선 다트는 가운데 쪽으로 넘긴다

2. 어깨선을 박는다 ❖ 안감도 같은 방법으로 박는다

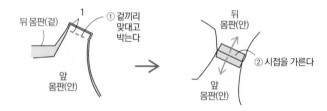

뒤 몸판(겉)

① 겉끼리 맞대고 박는다

앞 몸판(안)

뒤 몸판(안)

② 시접을 가른다

앞 몸판(안)

3. 목둘레를 박는다

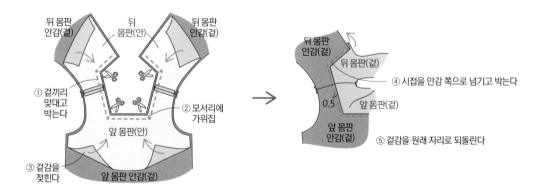

뒤 몸판 안감(겉) 뒤 몸판(안) 뒤 몸판 안감(겉)

① 겉끼리 맞대고 박는다

② 모서리에 가위집

앞 몸판(안)

③ 겉감을 젖힌다

앞 몸판 안감(겉)

뒤 몸판 안감(겉) 뒤 몸판(겉)

④ 시접을 안감 쪽으로 넘기고 박는다

0.5

앞 몸판(겉)

앞 몸판 안감(겉)

⑤ 겉감을 원래 자리로 되돌린다

4~6. p.70의 **4**~p.72의 **6**을 참조하여 옆선을 박는다
7~10. p.78~p.81 참조하여 마무리한다

C

스탠드칼라 원피스

·
×

PHOTO. P 13

╳╌╳╌╳╌╳╌╳╌╳╌╳╌╳╌╳╌╳╌╳╌╳

[사용하는 옷본] ❖ 4장 필요합니다.

D면 ① 앞 몸판 ② 뒤 몸판 ③ 소매 ④ 치마 앞·뒤판(공통)

[재료]

- ● **겉감** 리버티프린트 (타나 론) 110cm 너비×310 | 310 | 330 | 340 | 340cm
- ● **안감** 흰색 론 110cm 너비×200 | 200 | 210 | 210 | 210cm
- ● **지름 1.5cm 꽃 모양 단추(흰색)** 5개
- ● **접착심지** 3cm×50cm 2장
- ● **1.5cm 너비 납작 고무줄** 허리둘레+2cm

╳╌╳╌╳╌╳╌╳╌╳╌╳╌╳╌╳╌╳╌╳╌╳

완성 치수

※ 단위는 cm

size	S	M	L	LL	3L
가슴둘레	107.6	110.6	113.6	116.6	119.6
등 길이	36.6	37.2	37.6	38.2	38.6
치마 길이	55	56	57	58	59

작품에 사용한 겉감 원단은
★ 리버티프린트(타나 론)
Ed[3636005DE]

재단 배치도

★ 시접은 정해진 것 이외에는 1cm.

★ 굵은 숫자는 정해진 시접 길이(cm).

★ 원단 필요량은 size S | M | L | LL | 3L 순.

겉감(몸판, 치마, 소매, 옷깃, 고무줄 통로감)

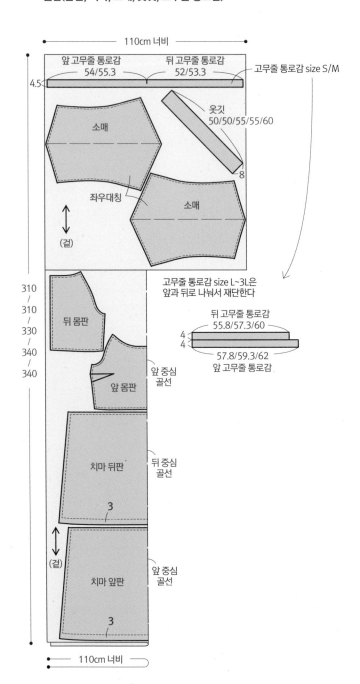

안감(몸판 안감, 치마 안감)

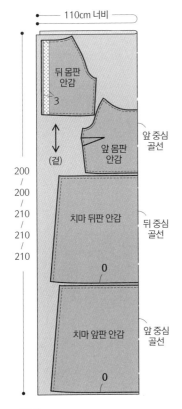

- 110cm 너비 -

뒤 몸판
안감
3

앞 몸판
안감

(겉)

앞 중심
골선

치마 뒤판 안감

0

뒤 중심
골선

치마 앞판 안감

0

앞 중심
골선

200
/
200
/
210
/
210
/
210

★ ▨는 (안)에 접착심지를 붙인다
작품에 사용한 안감 원단은 ★ 흰색 론

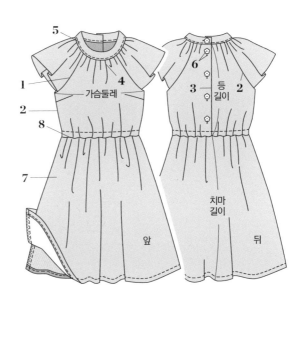

5

1
2
8
7

가슴둘레
4

6
3 등
   길이 2

치마
길이

앞   뒤

만드는 법

다트를 박아 둔다   ❖ 안감도 같은 방법으로 박는다

앞 몸판(안)

① 다트를 박는다
② 옆선 다트는 아래쪽으로 넘긴다

1~8. p.108의 1~8과 같은 방법으로 박는다

고무줄 통로감 size L~3L 잇는 법

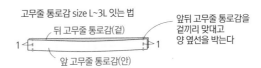

뒤 고무줄 통로감(겉)

1   1

앞 고무줄 통로감(안)

앞뒤 고무줄 통로감을
겉끼리 맞대고
양 옆선을 박는다

J
3단 치마 원피스

•
×

PHOTO. P 32

- -

[사용하는 옷본] ❖ 2장 필요합니다.
F면 ① 앞 몸판 ② 뒤 몸판

[재료]
- **겉감** 리버티프린트(타나 론) 110cm 너비 × 380 | 390 |
  390 | 400 | 400cm
- **안감** 흰색 론 110cm 너비 × 210 | 220 | 220 | 230 |
  230cm
- **지름 1.5cm 둥근 단추(흰색)** 3개
- **접착심지** 3cm × 50cm 2장
- **1.5cm 너비 납작 고무줄** 허리둘레+2cm

- - - - × - - - - × - - - - × - - - - × - - - - × - - - -

완성 치수

※ 단위는 cm

size	S	M	L	LL	3L
가슴둘레	89	92.5	95.5	98.5	101.5
등 길이	35.4	36	36.6	37	37.6
치마 길이	79.5	79.5	79.5	79.5	79.5

작품에 사용한 겉감 원단은
★ 리버티프린트(타나 론)
Melody Small[3638115A]

재단 배치도

- ★ 시접은 정해진 것 이외에는 1cm.
- ★ 굵은 숫자는 정해진 시접 길이(cm).
- ★ 원단 필요량은 size S | M | L | LL | 3L 순.
- ★ 치마 가운뎃단 size 3L은 원단 너비가 치수에 모자라므로
  원단의 남은 부분에서 부족한 부분을 재단한다.

겉감(몸판, 치마, 소맷부리감)(몸판 안감)

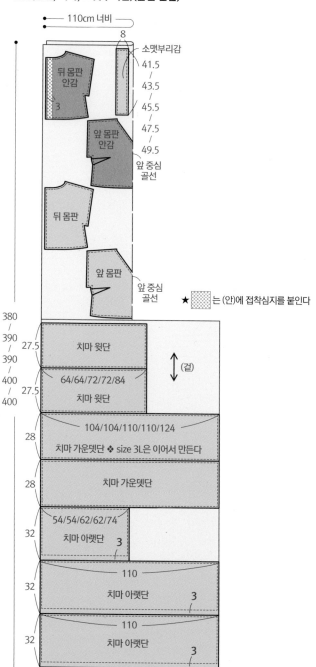

안감(치마 안감)

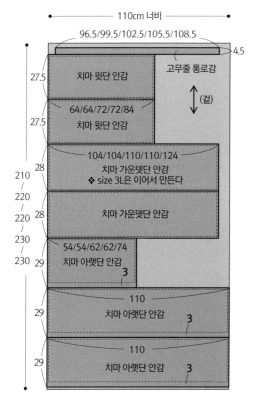

110cm 너비

96.5/99.5/102.5/105.5/108.5

4.5

고무줄 통로감

(겉)

27.5 | 치마 윗단 안감

27.5 | 64/64/72/72/84 치마 윗단 안감

28 | 104/104/110/110/124 치마 가운뎃단 안감 ❖ size 3L은 이어서 만든다

28 | 치마 가운뎃단 안감

29 | 54/54/62/62/74 치마 아랫단 안감 3

29 | 110 치마 아랫단 안감 3

29 | 110 치마 아랫단 안감 3

210 / 220 / 220 / 230 / 230

작품에 사용한 안감 원단은 ★ 흰색 론

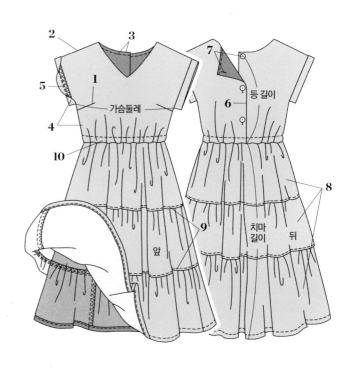

2 3

7

5

1

가슴둘레

4

10

6 등 길이

8

9

앞

치마 길이 뒤

다음 페이지로 이어짐→

1~2. p.154의 1, 2를 참조하여 다트, 어깨선을 박는다

3~5. p.170의 3~5와 같은 방법으로 박는다

6. 뒤판 끝선을 박는다

목둘레

뒤
몸판(안)

① 겉끼리
맞대고
박는다

1

뒤 몸판 안감(겉)

겉으로
뒤집는다

모서리를 꼼꼼하게 빼낸다

뒤
몸판(겉)

② 겉으로
뒤집어서
정리한다

뒤 몸판 안감(안)

7. 단춧구멍을 만들고 단추를 단다

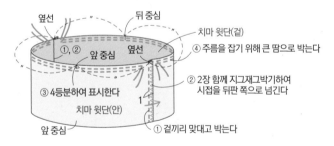

① 단춧구멍을 만든다

② 단추를 단다

왼쪽
뒤판(겉)

오른쪽
뒤판(겉)

③ 단추를 잠근다

왼쪽
뒤판(겉)

오른쪽
뒤판(겉)

0.8

2

④ 박는다

8. 치마 윗단, 가운뎃단, 아랫단을 각각 박아서 고리 모양으로 만든다 ❖ 안감도 같은 방법으로 박는다

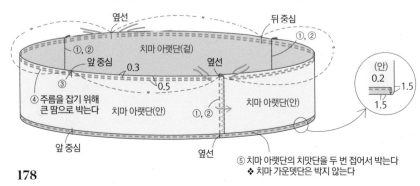

옆선

뒤 중심

치마 윗단(겉)

④ 주름을 잡기 위해 큰 땀으로 박는다

①, ②

옆선

앞 중심

② 2장 함께 지그재그박기하여
시접을 뒤판 쪽으로 넘긴다

③ 4등분하여 표시한다

치마 윗단(안)

1

앞 중심

① 겉끼리 맞대고 박는다

❖ 치마 가운뎃단과 아랫단도 같은 방법으로 만들고 주름을 잡기 위해 큰 땀으로 박는다

옆선

뒤 중심

①, ②

①, ②

치마 아랫단(겉)

앞 중심

0.3

옆선

③

0.5

④ 주름을 잡기 위해
큰 땀으로 박는다

치마 아랫단(안)

①, ②

치마 아랫단(안)

(안)

0.2

1.5

1.5

앞 중심

옆선

⑤ 치마 아랫단의 치맛단을 두 번 접어서 박는다
❖ 치마 가운뎃단은 박지 않는다

9. 치마 윗단, 가운뎃단, 아랫단을 잇는다 ❖ 안감도 같은 방법으로 박는다

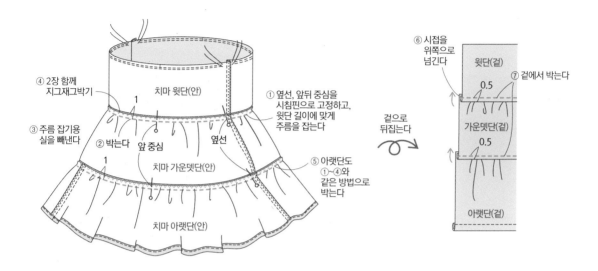

④ 2장 함께
지그재그박기

③ 주름 잡기용
실을 빼낸다

② 박는다 앞 중심

치마 윗단(안)

1

치마 가운뎃단(안)

1

치마 아랫단(안)

① 옆선, 앞뒤 중심을
시침핀으로 고정하고,
윗단 길이에 맞게
주름을 잡는다

옆선

⑤ 아랫단도
①~④와
같은 방법으로
박는다

겉으로
뒤집는다

⑥ 시접을
위쪽으로
넘긴다

⑦ 겉에서 박는다

윗단(겉)

0.5

가운뎃단(겉)

0.5

아랫단(겉)

10. p.104를 참조하여 고무줄 통로감과 몸판, 치마를 잇고 고무줄을 끼운다

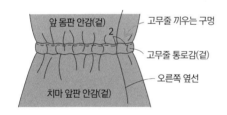

앞 몸판 안감(겉)

2

치마 앞판 안감(겉)

고무줄 끼우는 구멍

고무줄 통로감(겉)

오른쪽 옆선

D
셔츠원피스

•
×

PHOTO. P 17

╳━━━━━━━━━━━━━━━━╳

[사용하는 옷본] ❖ 7장 필요합니다.

E면 ① 앞 몸판 ② 뒤 몸판 ③ 바대 ④ 받침깃 ⑤ 옷깃
D면 ⑥ 치마 앞판 ⑦ 치마 뒤판

[재료]
● **겉감** 리버티프린트(타나 론) 110cm 너비×210 I 210 I
　　220 I 220 I 230cm
● **안감** 흰색 론 110cm 너비×180 I 180 I 190 I 190 I
　　200cm
● 지름 **1.5cm 꽃 모양 단추(흰색)** 10개
● **접착심지** 3cm×100cm 2장, 100cm×30cm

╳━━━━━━━━━━━━━━━━╳

완성 치수
※ 단위는 cm

size	S	M	L	LL	3L
가슴둘레	89.2	92.2	95.2	98.2	101.2
등 너비	32.8	34.4	35.6	37.2	38.8
등 길이	36	36.6	37	37.4	38
치마 길이	55	56	57	58	59

작품에 사용한 겉감 원단은
★ 리버티프린트(타나 론)
Phoebe

재단 배치도

★ 시접은 정해진 것 이외에는 1cm.
★ 굵은 숫자는 정해진 시접 길이(cm).
★ 원단 필요량은 size S I M I L I LL I 3L 순.

겉감(몸판, 바대, 치마, 옷깃, 받침깃)
(바대 안감, 안깃, 안받침깃)

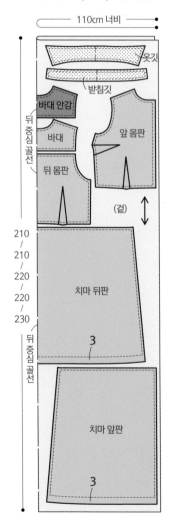

★ ▨ 는 (안)에 접착심지를 붙인다
★ 안깃, 겉받침깃은 1장에만 접착심지를 붙인다

안감(몸판 안감, 치마 안감)

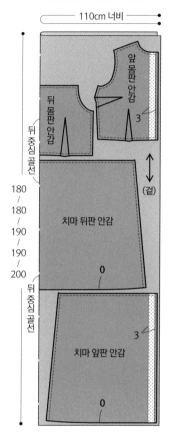

← 110cm 너비 →

앞 몸판 안감

3

뒤 몸판 안감

뒤 중심 골선

(겉)

180
180
190
190
200

치마 뒤판 안감

0

뒤 중심 골선

치마 앞판 안감

3

0

작품에 사용한 안감 원단은 ★ 흰색 론

만드는 순서

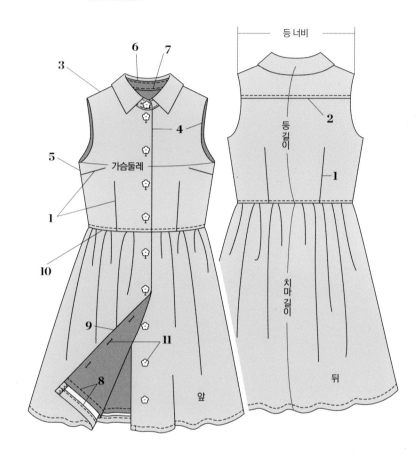

6 7

3

4

5

가슴둘레

1

10

9

11

8

앞

등 너비

2

등 길이

1

치마 길이

뒤

만드는 법

1. 다트를 박는다   ❖ 안감도 같은 방법으로 박는다

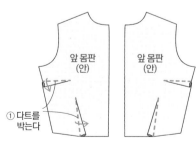

앞 몸판 (안)

앞 몸판 (안)

① 다트를 박는다

② 옆선 다트는 아래쪽으로, 허리선 다트는 가운데 쪽으로 넘긴다

뒤 몸판 (안)

다음 페이지로 이어짐→

2. 바대와 뒤 몸판을 잇는다   ❖ 안감도 같은 방법으로 박는다

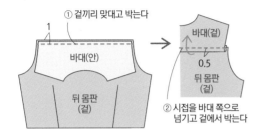

① 겉끼리 맞대고 박는다

1

바대(안)

뒤 몸판
(겉)

바대(겉)

0.5

뒤 몸판
(겉)

② 시접을 바대 쪽으로
넘기고 겉에서 박는다

3. 어깨선을 박는다   ❖ 안감도 같은 방법으로 박는다

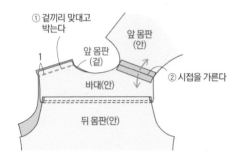

① 겉끼리 맞대고
박는다

1

앞 몸판
(겉)

앞 몸판
(안)

바대(안)

② 시접을 가른다

뒤 몸판(안)

4. 진동둘레와 앞판 끝선을 박는다

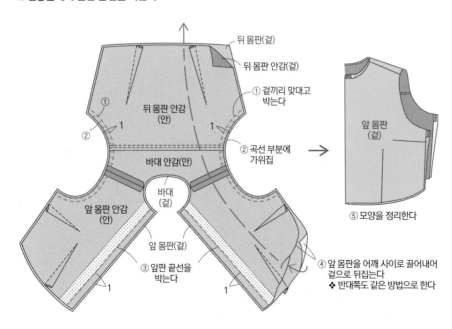

뒤 몸판(겉)

뒤 몸판 안감(겉)

① 겉끼리 맞대고
박는다

② 곡선 부분에
가위집

①

②

1

뒤 몸판 안감
(안)

1

바대 안감(안)

앞 몸판 안감
(안)

바대
(겉)

앞 몸판(겉)

③ 앞판 끝선을
박는다

1

1

앞 몸판
(겉)

⑤ 모양을 정리한다

④ 앞 몸판을 어깨 사이로 끌어내어
겉으로 뒤집는다
❖ 반대쪽도 같은 방법으로 한다

5. 옆선을 박는다

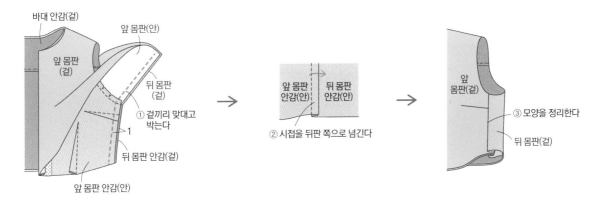

바대 안감(겉)
앞 몸판(안)
앞 몸판(겉)
뒤 몸판(겉)
① 겉끼리 맞대고 박는다
1
뒤 몸판 안감(겉)
앞 몸판 안감(안)

앞 몸판 안감(안)
뒤 몸판 안감(안)
② 시접을 뒤판 쪽으로 넘긴다

앞 몸판(겉)
③ 모양을 정리한다
뒤 몸판(겉)

6. 옷깃을 박는다

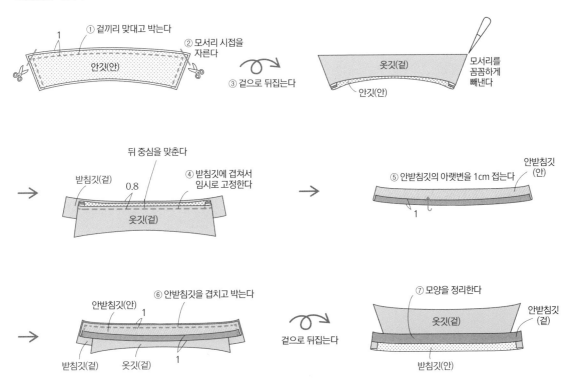

① 겉끼리 맞대고 박는다
1
② 모서리 시접을 자른다
안깃(안)
③ 겉으로 뒤집는다

옷깃(겉)
모서리를 꼼꼼하게 빼낸다
안깃(안)

뒤 중심을 맞춘다
받침깃(겉)
0.8
④ 받침깃에 겹쳐서 임시로 고정한다
옷깃(겉)

⑤ 안받침깃의 아랫변을 1cm 접는다
안받침깃(안)
1

안받침깃(안)
1
⑥ 안받침깃을 겹치고 박는다
받침깃(겉)
옷깃(겉)
1
겉으로 뒤집는다

⑦ 모양을 정리한다
옷깃(겉)
안받침깃(겉)
받침깃(안)

다음 페이지로 이어짐→

7. 옷깃을 단다

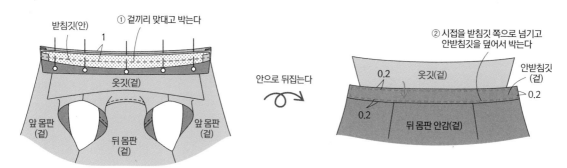

받침깃(안)

1

① 겉끼리 맞대고 박는다

옷깃(겉)

앞 몸판
(겉)

앞 몸판
(겉)

뒤 몸판
(겉)

안으로 뒤집는다

② 시접을 받침깃 쪽으로 넘기고
안받침깃을 덮어서 박는다

안받침깃
(겉)

0.2

옷깃(겉)

0.2

0.2

뒤 몸판 안감(겉)

8. 치마 옆선과 치맛단을 박는다 ❖ 치마 안감도 같은 방법으로 박는다

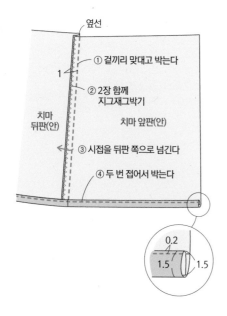

옆선

1

① 겉끼리 맞대고 박는다

② 2장 함께
지그재그박기

치마
뒤판(안)

치마 앞판(안)

③ 시접을 뒤판 쪽으로 넘긴다

④ 두 번 접어서 박는다

0.2

1.5   1.5

9. 치마 앞판 끝선을 박는다

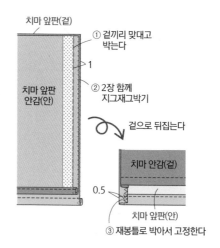

치마 앞판(겉)

① 겉끼리 맞대고
박는다

1

치마 앞판
안감(안)

② 2장 함께
지그재그박기

겉으로 뒤집는다

치마 안감(겉)

0.5

치마 앞판(안)

③ 재봉틀로 박아서 고정한다

10. 몸판과 치마를 잇는다

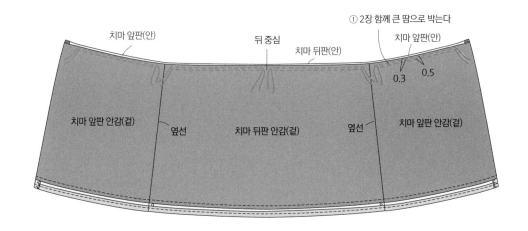

치마 앞판(안)　　뒤 중심　　치마 뒤판(안)　①2장 함께 큰 땀으로 박는다

치마 앞판(안)

0.3　　0.5

치마 앞판 안감(겉)　옆선　　치마 뒤판 안감(겉)　옆선　치마 앞판 안감(겉)

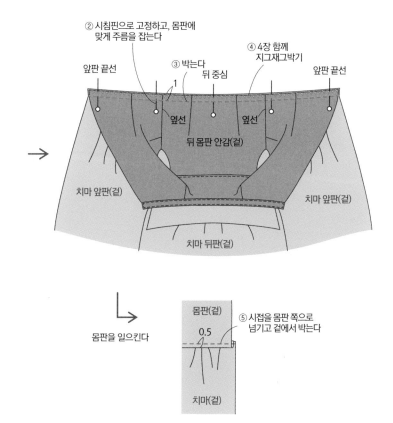

②시침핀으로 고정하고, 몸판에
　맞게 주름을 잡는다

앞판 끝선　　③박는다　　④4장 함께
　　　　　　　1　　지그재그박기　앞판 끝선

뒤 중심

옆선　　　　옆선

뒤 몸판 안감(겉)

치마 앞판(겉)　　　　　　　치마 앞판(겉)

치마 뒤판(겉)

몸판을 일으킨다

몸판(겉)

0.5

⑤시접을 몸판 쪽으로
　넘기고 겉에서 박는다

치마(겉)

11. 단춧구멍을 만들고 단추를 단다

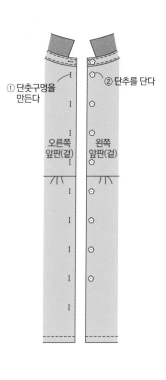

①단춧구멍을
　만든다　　　　②단추를 단다

오른쪽
앞판(겉)　　왼쪽
　　　　　앞판(겉)

L
점프 슈트
·
×

PHOTO. P 38

XXXXXXXXXXXXXXXXXXXXXXXXXXXXX

[사용하는 옷본] ❖ 4장 필요합니다.
F면 ① 앞 몸판 ② 뒤 몸판 ③ 바지 앞판 ④ 바지 뒤판

[재료]
- **겉감** 검정 면(중간 두께) 110cm 너비×160 ┃ 160 ┃ 170 ┃ 180 ┃ 190cm
  줄무늬 면(중간 두께) 110cm 너비×200 ┃ 200 ┃ 210 ┃ 210 ┃ 210cm
- **안감** 검정 론 110cm 너비×190 ┃ 190 ┃ 200 ┃ 200 ┃ 200cm
- **지름 1.5cm 둥근 단추(검정)** 3개
- **접착심지** 3cm×50cm 2장
- **3cm 너비 납작 고무줄** 엉덩이둘레+5cm

XXXXXXXXXXXXXXXXXXXXXXXXXXXXX

완성 치수
※ 단위는 cm

size	S	M	L	LL	3L
가슴둘레	90	93	96	99	102
등 너비	31	32.5	34.5	36	37.5
등 길이	36.5	37	37.5	38	38.5
바지 길이	85.5	87	88.5	90	90.2

재단 배치도

★ 시접은 정해진 것 이외에는 1cm.
★ 굵은 숫자는 정해진 시접 길이(cm).
★ 원단 필요량은 size S/M/L/LL/3L 순.
★ 어깨 프릴의 size L~3L은 2장을 위아래로 어긋나게 배치하여 재단한다.
★ 고무줄 통로감의 size LL/3L은 길이가 원단 너비로는 모자라므로, 2장으로 재단하여 이어서 정해진 치수로 만든다.

겉감(몸판, 어깨 프릴, 고무줄 통로감)
(몸판 안감)

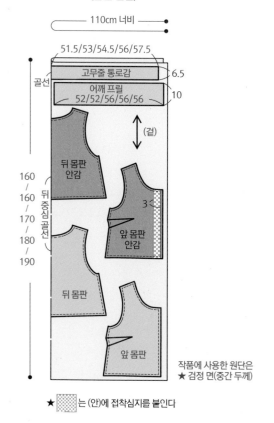

작품에 사용한 원단은
★ 검정 면(중간 두께)

★ ▨ 는 (안)에 접착심지를 붙인다

186

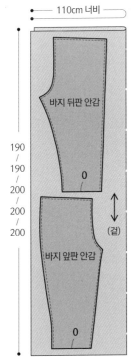

안감(바지 안감)

110cm 너비

바지 뒤판 안감

0

(겉)

바지 앞판 안감

0

190
190
200
200
200

작품에 사용한 안감 원단은
★ 검정 론

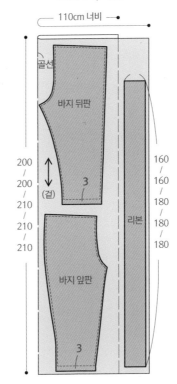

겉감(바지, 리본)

110cm 너비

골선

바지 뒤판

3

(겉)

리본

바지 앞판

3

200
200
210
210
210

160
160
180
180
180

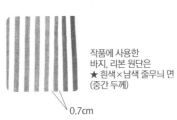

작품에 사용한
바지, 리본 원단은
★ 흰색×남색 줄무늬 면
(중간 두께)

0.7cm

만드는 순서

2 3
4
5
1
6
9
8 7
12·13
15
14

16
11
10

다음 페이지로 이어짐→

1. 다트를 박는다   ❖ 안감도 같은 방법으로 박는다

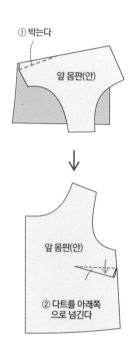

① 박는다

앞 몸판(안)

앞 몸판(안)

② 다트를 아래쪽으로 넘긴다

2~5. p.101의 1~4를 참조하여 진동둘레까지 박는다.

6. 겉으로 뒤집는다

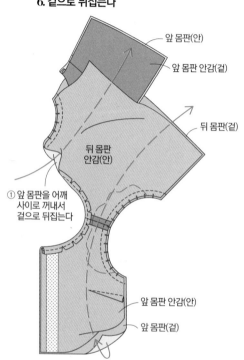

앞 몸판(안)

앞 몸판 안감(겉)

뒤 몸판(겉)

뒤 몸판 안감(안)

① 앞 몸판을 어깨 사이로 꺼내서 겉으로 뒤집는다

앞 몸판 안감(안)

앞 몸판(겉)

7. 몸판 옆선을 박는다

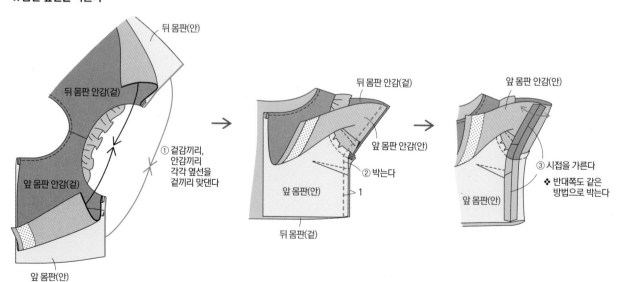

뒤 몸판(안)

뒤 몸판 안감(겉)

① 겉감끼리, 안감끼리 각각 옆선을 겉끼리 맞댄다

앞 몸판 안감(겉)

앞 몸판(안)

뒤 몸판 안감(겉)

앞 몸판 안감(안)

② 박는다

1

앞 몸판(안)

뒤 몸판(겉)

앞 몸판 안감(안)

③ 시접을 가른다

❖ 반대쪽도 같은 방법으로 박는다

앞 몸판(안)

8. 앞판 끝선을 박는다

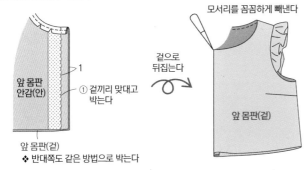

모서리를 꼼꼼하게 빼낸다

① 겉끼리 맞대고 박는다

앞 몸판 안감(안)

1

앞 몸판(겉)

❖ 반대쪽도 같은 방법으로 박는다

겉으로 뒤집는다

앞 몸판(겉)

9. 단춧구멍을 만들고 단추를 단다

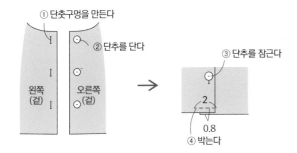

① 단춧구멍을 만든다

② 단추를 단다

왼쪽 (겉)

오른쪽 (겉)

③ 단추를 잠근다

2

0.8

④ 박는다

10. 바지 옆선과 밑아래를 박는다

❖ 바지 왼쪽도 같은 방법으로 박는다
❖ 안감도 같은 방법으로 박는다

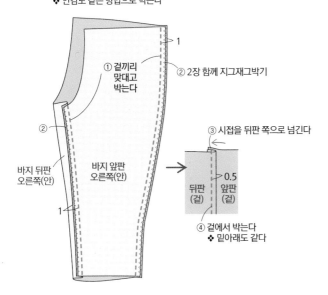

① 겉끼리 맞대고 박는다

② 2장 함께 지그재그박기

1

②

바지 뒤판 오른쪽(안)

바지 앞판 오른쪽(안)

1

③ 시접을 뒤판 쪽으로 넘긴다

뒤판 (겉)

앞판 (겉)

0.5

④ 겉에서 박는다
❖ 밑아래도 같다

다음 페이지로 이어짐→

11. 밑위를 박는다 ❖ 안감도 같은 방법으로 박는다

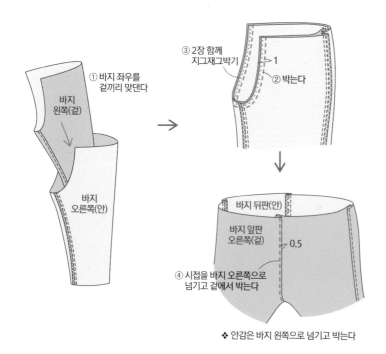

① 바지 좌우를 겉끼리 맞댄다

바지 왼쪽(겉)

바지 오른쪽(안)

③ 2장 함께 지그재그박기

② 박는다

1

바지 뒤판(안)

바지 앞판 오른쪽(겉)

0.5

④ 시접을 바지 오른쪽으로 넘기고 겉에서 박는다

❖ 안감은 바지 왼쪽으로 넘기고 박는다

12. 바지에 주름을 잡기 위해 큰 땀으로 박는다

겉감과 안감을 안끼리 맞대고 큰 땀으로 박는다

바지 뒤판 안감(겉)

0.3

0.5

바지 앞판(겉)

13. 고무줄 통로감을 박고 몸판과 바지를 잇는다

몸판 안감(겉)

I

고무줄 통로감

4.5

바지 안감(겉)

p.104의 **4~10**을 참조하여 몸판과 바지를 잇고 허리에 고무줄을 끼운다

14. 밑단을 박는다

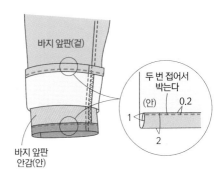

바지 앞판(겉)

두 번 접어서
박는다

(안)   0.2
1

2

바지 앞판
안감(안)

15. 리본을 만든다

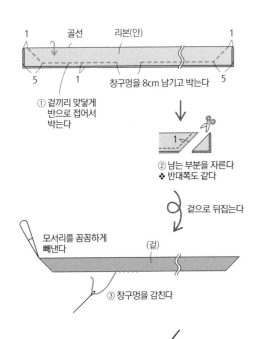

1   골선   리본(안)   1

5   1   창구멍을 8cm 남기고 박는다   5

① 겉끼리 맞닿게
반으로 접어서
박는다

1

② 남는 부분을 자른다
❖ 반대쪽도 같다

겉으로 뒤집는다

모서리를 꼼꼼하게
빼낸다   (겉)

③ 창구멍을 감친다

16. 양 옆선에 허리띠 고리용 실 고리를 단다

〈실 고리 만드는 법〉

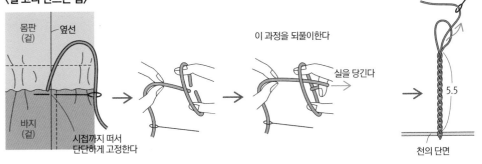

몸판
(겉)   옆선

바지
(겉)

시접까지 떠서
단단하게 고정한다

이 과정을 되풀이한다

실을 당긴다

5.5

천의 단면

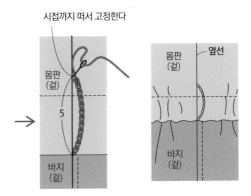

시접까지 떠서 고정한다

몸판
(겉)   옆선

몸판
(겉)

5

바지
(겉)

바지
(겉)

DOUDOU의 쉽고 예쁜 아이 옷 & 여성복

엄마와 아이가 함께 입는 커플 옷 만들기

초판 1쇄 2019년 4월 25일

지은이 | 오카와 사유리
옮긴이 | 남궁가윤

펴낸이 | 서인석
펴낸곳 | ㈜제우미디어
출판등록 | 제 3-429호
등록일자 | 1992년 8월 17일
주소 | 서울시 마포구 독막로 76-1 한주빌딩 5층
전화 | 02-3142-6845
팩스 | 02-3142-0075
홈페이지 | www.jeumedia.com

ISBN 978-89-5952-789-2

값은 뒤표지에 있습니다.
파본은 구입하신 서점에서 교환해 드립니다.

| 만든 사람들 |
출판사업부총괄 | 손대현
편집장 | 전태준
기획편집 | 홍지영
기획팀 | 장윤선, 박건우, 안재욱, 조병준, 성건우
영업 | 김금남, 권혁진
제작 | 김금남
디자인 | 디자인그룹올
인쇄·제본 | (주)신우디피케이, 정민제본